普通高等教育机械类专业基础课系列教材

机械工程综合实验教程

主　编　黄爱芹

北京理工大学出版社
BEIJING INSTITUTE OF TECHNOLOGY PRESS

内容简介

本书根据工程教育认证标准，遵循培养学生应用实践能力的原则，并根据编者多年的教学经验及近几年来教学改革成果编写而成。

本书在内容上突出应用型特色，并兼顾机械行业发展的趋势。全书共8章，主要内容有：材料力学实验、机械原理实验、机械设计实验、互换性与技术测量实验、工程材料与成型技术实验、液压与气动实验、机械制造技术基础实验、测控技术实验等。

本书可供普通高等院校机械类专业师生使用，也可作为高职高专、电大、函授等院校有关专业的教学用书，同时可供相关工程技术人员参考。

图书在版编目(CIP)数据

机械工程综合实验教程 / 黄爱芹主编. --北京：北京理工大学出版社，2021.10

ISBN 978-7-5763-0491-6

Ⅰ.①机… Ⅱ.①黄… Ⅲ.①机械工程-实验-高等学校-教材 Ⅳ.①TH-33

中国版本图书馆CIP数据核字(2021)第204903号

出版发行 / 北京理工大学出版社有限责任公司
社　　址 / 北京市海淀区中关村南大街5号
邮　　编 / 100081
电　　话 / (010)68914775(总编室)
(010)82562903(教材售后服务热线)
(010)68944723(其他图书服务热线)
网　　址 / http://www.bitpress.com.cn
经　　销 / 全国各地新华书店
印　　刷 / 三河市天利华印刷装订有限公司
开　　本 / 787毫米×1092毫米　1/16
印　　张 / 11.25
字　　数 / 262千字
版　　次 / 2021年10月第1版　2021年10月第1次印刷
定　　价 / 36.00元

责任编辑 / 江　立
责任校对 / 刘亚男
责任印制 / 李志强

图书出现印装质量问题，请拨打售后服务热线，本社负责调换

前　言

根据工程教育专业认证通用标准和专业补充标准，机械类专业的学生应能够基于科学原理，利用理论分析、文献研究和实验方法对机械制造、机电控制等领域的复杂工程问题开展研究，包括设计实验、完成实验、分析与解释数据，并通过信息综合得到合理有效的结论。机械工程实验课程承担着培养学生设计实验、完成实验、分析与解释数据等研究能力的重要任务，是培养大学生基本实验技能、工程素质与能力，将知识向能力转化的重要途径。通过对实验课程的学习，学生可以养成良好的基础规范，掌握机械工程及相关学科常规实验仪器、设备的使用方法和处理实验数据、书写实验报告的方法，更好地理解理论知识、提高实验技能、培养产品创新设计意识，更为后续专业综合实践中的机械设计、研究、开发打下坚实的基础。

本书根据工程教育认证理念，遵循培养学生应用实践能力的原则，根据编者多年的教学经验及近几年来教学改革成果编写而成。全书共8章，包括：材料力学实验、机械原理实验、机械设计实验、互换性与技术测量实验、工程材料与成型技术实验、液压与气动实验、机械制造技术基础实验、测控技术实验等，内容全面，注重各门课程的衔接与互补，方便学生使用。

通过对本书的学习和实验实践，学生应掌握以下基本内容：

(1)了解和熟悉机械基础实验常用的仪器和设备；

(2)能熟练使用机械基础实验常用的仪器、工具、量具；

(3)掌握实验的原理、方法、测试技术、数据采集与处理等基本理论和基本技能；

(4)掌握实验设计的原理，能针对具体问题设计基本的实验方案；

(5)实验前，认真进行实验预习，完成预习报告；

(6)实验完成后，必须严谨规范地撰写实验报告，实验报告包括实验名称、实验目的、实验原理、实验装置、实验步骤、数据处理、实验结果、问题分析等内容。本书由黄爱芹主编，限于编者水平，书中不当之处在所难免，欢迎读者批评指正。

编　者

2021年6月

目录

第1章 材料力学实验

1.1　材料力学实验内容、方法和要求

【实验内容】

实验教学作为材料力学课程的一个重要组成部分，对于提高学生实践能力、设计能力具有重要意义。材料力学实验具体包含以下两方面内容。

1. 验证理论

材料力学常将实际问题抽象为理想模型，再由科学假设推导出一般公式，如纯弯曲梁和纯扭转圆轴（或筒）等的分析都使用了平面假设。用实验验证这些理论的正确性和适用范围，有助于加强学生对理论的理解和认知。

2. 实验应力分析

工程上许多实际构件的形状和受载情况都十分复杂，关于它们的强度问题，仅依靠理论计算不易得到满意的结果。近几十年来出现了用实验分析方法确定构件在受力情况下应力状态的学科，该学科可用于研究固体力学的基本规律，为发展新理论提供论据，同时又是提高工程设计质量、进行失效分析的一种重要手段。

【实验方法和要求】

材料力学实验过程主要是测量作用在试件上的载荷和试件产生的变形，它们往往要同时测量，要求同组同学必须协同完成。因此，实验时应注意以下几方面。

1. 实验前的准备工作

要明确实验目的、原理和实验步骤，了解实验的方法、拟订加载方案，设计实验表格以备使用。实验小组成员应分工明确，分别负责记录数据、测量变形和测量载荷。

2. 进行实验

未施加载荷（以下简称加载）前，检查仪器安放是否稳定，按要求接好传感器和试件；接通电源后，检查力和应变综合测试仪中的拉压力和应变量是否调零；确认无误后即可进行实验，实验过程严格按照学生实验守则来完成。

3. 书写实验报告

实验报告应当包括下列内容：

（1）实验名称、实验日期、实验者及同组成员；

（2）实验目的及装置；

（3）使用的仪器、设备；

（4）实验原理及方法；

（5）实验数据及其处理；

（6）计算和实验结果分析。

1.2 实验设备及测试原理

【实验设备】

组合式材料力学多功能实验台是方便同学们自己动手做材料力学电测实验的设备。1 个实验台可做 7 个以上电测实验，功能全面，操作简单。

【构造及工作原理】

1. 外形结构

组合式材料力学多功能实验台为框架式结构，分前、后两片架，其外形结构如图 1.2.1 所示。前片架可做弯扭组合受力分析、材料弹性模量和泊松比测定、偏心拉伸实验、压杆稳定实验、悬臂梁等强度梁实验；后片架可做纯弯曲梁正应力实验、电阻应变片灵敏系数标定、组合叠梁实验等。

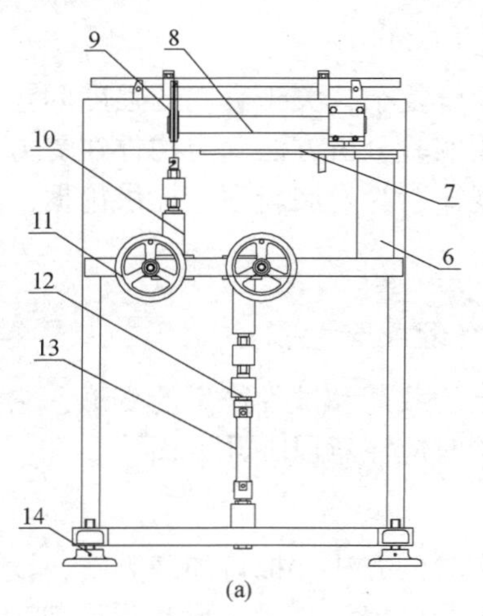

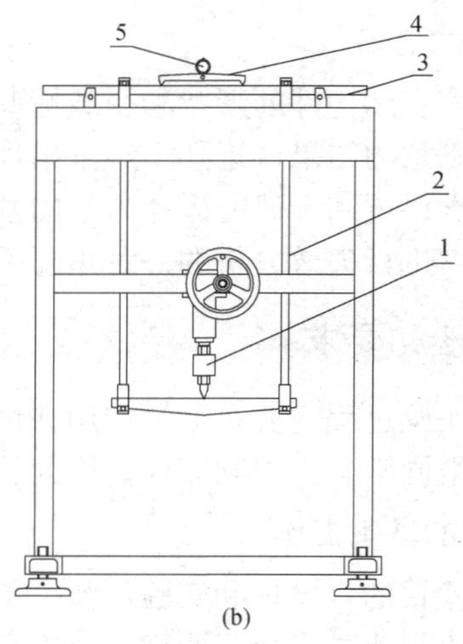

1—传感器；2—弯曲梁附件；3—弯曲梁；4—三点挠度仪；5—千分表（需用户另配）；
6—悬臂梁附件；7—悬臂梁；8—扭转筒；9—扭转附件；10—加载机构；11—手轮；
12—拉伸附件；13—拉伸试件；14—可调节底盘。

图 1.2.1　组合式材料力学多功能实验台外形结构图

（a）前片架；（b）后片架

2. 加载原理

实验台加载机构为内置式，采用蜗轮蜗杆及螺旋传动的原理，在不破坏轮齿的情况下，对试件进行加载。该设计采用了将两种省力机械机构组合在一起的方法，将手轮的转动变成了螺旋千斤加载的直线运动，具有操作省力、加载稳定等特点。

3. 工作机理

实验台采用蜗杆和螺旋复合加载机构，通过传感器及过渡加载附件对试件进行加载。所加载荷大小经拉压力传感器，由力和应变综合参数测试仪的测力部分测得；各试件的受力变形，通过力和应变综合参数测试仪的测试应变部分显示出来。该测试设备备有微机接口，所有数据可由计算机分析、打印。

【操作方法】

（1）将所做实验的试件通过有关附件连接到架体相应位置，连接拉压力传感器和加载件到加载机构上去。

（2）连接传感器电缆线到仪器传感器输入插座，连接应变片导线到仪器的各个通道接口。

（3）打开仪器电源，预热 20 min 左右，输入传感器量程及灵敏度和应变片灵敏系数（一般首次使用时已调好，如实验项目及传感器没有改变，可不必重新设置），在不加载的情况下将测力量和应变量调零。

（4）在初始值以上对各试件进行分级加载，转动手轮速度要均匀，记下各级力值和试件产生的应变值进行计算、分析和验证。如已与计算机连接，则全部数据可由计算机进行简单的分析并打印。

【注意事项】

（1）每次实验前先将试件摆放好，仪器接通电源后需要预热 20 min 左右，可讲完课再做实验。

（2）各项实验不得超过规定的终载的最大拉压力。

（3）加载机构作用行程为 50 mm，手轮转动快到行程末端时应缓慢转动，以免撞坏有关定位件。

（4）所有实验做完后，应释放加载机构，最好拆下试件，以免闲杂人员损坏传感器和有关试件。

（5）蜗杆加载机构每半年加润滑机油，避免干磨损，以延长使用寿命。

1.3　电测法

电测法的基本原理是用电阻应变片测定构件表面的线应变，再根据应变-应力关系确定构件表面应力状态的一种实验方法。这种方法是将电阻应变片粘贴在被测构件表面，当构件变形时，电阻应变片的电阻值将发生相应的变化，然后通过电阻应变仪将此电阻的变化转换成电压（或电流）的变化，再换算成应变值或者输出与此应变成正比的电压（或电流）信号，由记录仪进行记录，这样就可得到所测定的应变或应力。电测法原理框图如图 1.3.1 所示。

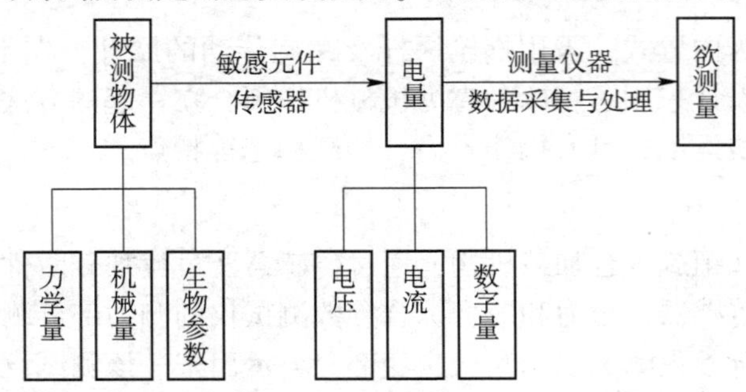

图 1.3.1　电测法原理框图

【电测法的优点】

（1）测量灵敏度和精度高。可测最小应变为 1 $\mu\varepsilon$（$\mu\varepsilon$ 为微应变，1 $\mu\varepsilon=10^{-6}\ \varepsilon$）；在常温静态测量时，误差一般为 1% ~3%；动态测量时，误差一般为 3% ~5%。

（2）测量范围广。应变测量范围为±（$1\sim2\times10^{4}$）$\mu\varepsilon$；力或重力的测量范围为 $10^{-2}\sim10^{5}$ N。

（3）频率响应好。可以测量从静态到数十万赫兹的动态应变。

（4）轻便灵活。在现场或野外等恶劣环境下均可进行测试。

（5）能在高、低温或高压等特殊条件下进行测量。

（6）便于与计算机连接进行数据采集与处理，易于实现数字化、自动化及无线测量。

【电测法测量电路及其工作原理】

1. 电桥基本特性

通过电阻应变片可以将试件的应变转换成应变片的电阻变化，这种电阻变化通常很小。测量电路的作用就是将电阻应变片感受到的电阻变化率 $\Delta R/R$ 变换成电压（或电流）信号，再经过放大器放大、输出。

测量电路有多种，惠斯登电路是其中最常用的电路，如图 1.3.2 所示。设电桥各桥臂电阻分别为 R_1、R_2、R_3、R_4，其中任一桥臂都可以是电阻应变片。电桥的 A、C 为输入端，接电源 E，B、D 为输出端，输出电压为 U_{BD}。

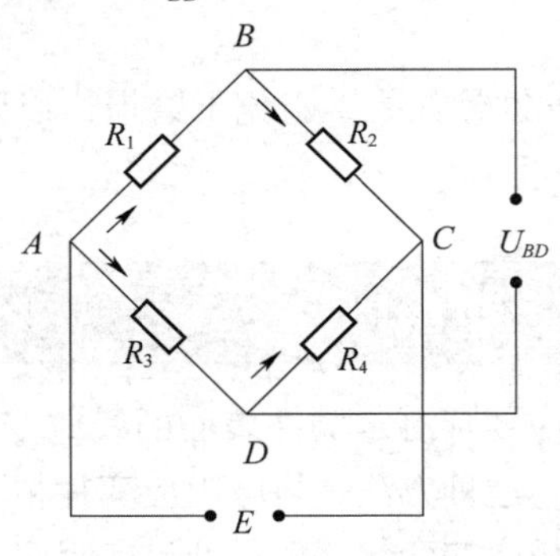

图 1.3.2　惠斯登电路

从 ABC 半个电桥来看，A、C 间的电压为 E，流经 R_1 的电流为

$$I_1 = \frac{E}{R_1 + R_2}$$

R_1 两端的电压降为

$$U_{AB} = I_1 R_1 = \frac{R_1 E}{R_1 + R_2}$$

同理，R_3 两端的电压降为

$$U_{AD} = I_3 R_3 = \frac{R_3 E}{R_3 + R_4}$$

因此可得到电桥输出电压为

$$U_{BD} = U_{AB} - U_{AD} = \frac{R_1 E}{R_1 + R_2} - \frac{R_3 E}{R_3 + R_4} = \frac{(R_1 R_4 - R_2 R_3) E}{(R_1 + R_2)(R_3 + R_4)}$$

由上式可知，当 $R_1 R_4 = R_2 R_3$ 或 $R_1/R_2 = R_3/R_4$ 时，输出电压 U_{BD} 为0，称为电桥平衡。

设电桥的4个桥臂与粘在构件上的4枚电阻应变片连接，当构件变形时，其电阻值的变化分别为：$R_1 + \Delta R_1$、$R_2 + \Delta R_2$、$R_3 + \Delta R_3$、$R_4 + \Delta R_4$，此时电桥的输出电压为

$$U_{BD} = E\frac{(R_1 + \Delta R_1)(R_4 + \Delta R_4) - (R_2 + \Delta R_2)(R_3 + \Delta R_3)}{(R_1 + \Delta R_1 + R_2 + \Delta R_2)(R_3 + \Delta R_3 + R_4 + \Delta R_4)}$$

上式经整理、简化并略去高阶小量，可得

$$U_{BD} = E\frac{R_1 R_2}{(R_1 + R_2)^2}\left(\frac{\Delta R_1}{R_1} - \frac{\Delta R_2}{R_2} - \frac{\Delta R_3}{R_3} + \frac{\Delta R_4}{R_4}\right)$$

当4个桥臂电阻值均相等，即 $R_1 = R_2 = R_3 = R_4 = R$ 时，且它们的灵敏系数均相同时，则将关系式 $\frac{\Delta R}{R} = K\varepsilon$（$\varepsilon$ 为待测应变）带入上式，则电桥输出电压为

$$U_{BD} = \frac{E}{4}\left(\frac{\Delta R_1}{R_1} - \frac{\Delta R_2}{R_2} - \frac{\Delta R_3}{R_3} + \frac{\Delta R_4}{R_4}\right) = \frac{EK}{4}(\varepsilon_1 - \varepsilon_2 - \varepsilon_3 + \varepsilon_4)$$

由于电阻应变仪是测量应变的专用仪器，因此其输出电压 U_{BD} 是用应变值 ε_d 直接显示的。电阻应变仪有一个灵敏系数 K_0，在测量应变时，只需将电阻应变仪的灵敏系数调节到与应变片的灵敏系数相等。若 $\varepsilon_d = \varepsilon$，则应变仪的读数不需进行修正；否则，需按下式进行修正

$$K_0 \varepsilon_d = K\varepsilon$$

则其输出电压为

$$U_{BD} = \frac{EK}{4}(\varepsilon_1 - \varepsilon_2 - \varepsilon_3 + \varepsilon_4) = \frac{EK}{4}\varepsilon_d$$

由此可得，电阻应变仪的读数为

$$\varepsilon_d = \frac{4U_{BD}}{EK} = \varepsilon_1 - \varepsilon_2 - \varepsilon_3 + \varepsilon_4 \tag{2.3.1}$$

式中：ε_1、ε_2、ε_3、ε_4 分别为 R_1、R_2、R_3、R_4 感受的应变值。

式（2.3.1）表明，电桥的输出电压与各桥臂应变的代数和成正比。应变 ε 的符号由变形方向决定，一般规定拉应变为正，压应变为负。电桥具有以下基本特性：两相邻桥臂电阻所感受的应变 ε 代数值相减，而两相对桥臂电阻所感受的应变 ε 代数值相加。这种作用也称

为电桥的加减性。利用电桥的这一特性，正确地布片和组桥，可以提高测量的灵敏度、减少误差、测取某一应变分量和补偿温度影响。

2. 温度补偿

电阻应变片对温度变化十分敏感。当环境温度变化时，因应变片的线膨胀系数与被测构件的线膨胀系数不同，且敏感栅的电阻值随温度的变化而变化，测得应变将包含温度变化的影响，不能反映构件的实际应变，所以在测量中必须设法消除温度变化的影响。

消除温度影响的措施是进行温度补偿。在常温应变测量中，采用桥路补偿，即利用电桥特性进行温度补偿。

1）补偿块补偿法

把粘贴在构件被测点处的应变片称为工作片，接入电桥的 AB 桥臂；另外，以相同规格的应变片粘贴在与被测构件相同材料但不参与变形的一块材料上，并与被测构件处于相同温度条件下，称为温度补偿片。将温度补偿片接入电桥与工作片组成测量电桥的半桥；电桥的另外两桥臂为应变仪内部固定无感标准电阻，它们组成等臂电桥。由电桥特性可知，只要将补偿片正确地接在桥路中，即可消除温度变化所产生的影响。

2）工作片补偿法

工作片补偿法不需要补偿片和补偿块，而是在同一被测构件上粘贴几个工作应变片，根据电桥的基本特性及构件的受力情况，将工作片正确地接入电桥中，消除温度变化所引起的应变，得到所需测量的应变。

3. 应变片在电桥中的接线方法

应变片在测量电桥中，利用电桥的基本特性，可用各种不同的接线方法实现温度补偿；从复杂的变形中测出所需要的应变分量；提高测量灵敏度和减少误差。

1）半桥接线方法

（1）半桥单臂（又称1/4桥）测量［如图1.3.3（a）所示］：电桥中只有一个桥臂接工作应变片（常用 AB 桥臂），而另一桥臂接温度补偿片（常用 BC 桥臂），CD 和 DA 桥臂接应变仪内标准电阻。考虑温度引起的电阻变化，按式（2.3.1）可得到应变仪的读数为

$$\varepsilon_{\mathrm{d}} = \varepsilon_1 + \varepsilon_{1\mathrm{t}} - \varepsilon_{2\mathrm{t}}$$

由于 R_1 和 R_2 温度条件完全相同，因此 $\left(\dfrac{\Delta R_1}{R_1}\right)_t = \left(\dfrac{\Delta R_2}{R_2}\right)_t$，所以电桥的输出电压只与工作片引起的电阻变化有关，与温度变化无关，即应变仪的读数为

$$\varepsilon_d = \varepsilon_1$$

（2）半桥双臂测量［如图1.3.3（b）所示］：电桥的两桥臂 AB 和 BC 上均接工作应变片，CD 和 DA 两桥臂接应变仪内标准电阻。因为两工作应变片处在相同温度条件下，即 $\left(\dfrac{\Delta R_1}{R_1}\right)_t = \left(\dfrac{\Delta R_2}{R_2}\right)_t$，所以应变仪的读数为

$$\varepsilon_{\mathrm{d}} = (\varepsilon_1 + \varepsilon_{1\mathrm{t}}) - (\varepsilon_2 + \varepsilon_{2\mathrm{t}}) = \varepsilon_1 - \varepsilon_2$$

由桥路的基本特性，自动消除了温度的影响，无须另接温度补偿片。

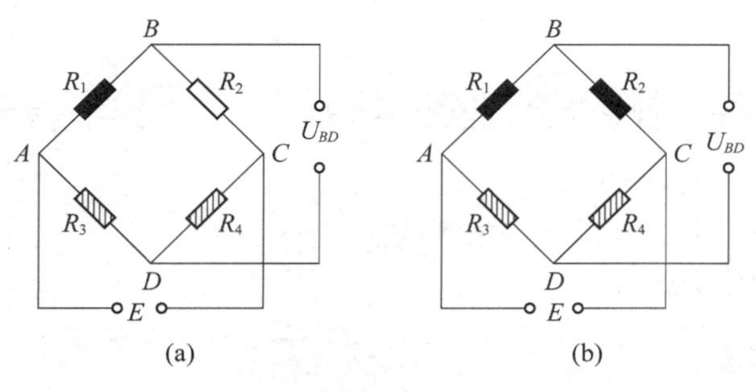

图 1.3.3　半桥电路接线法

（a）半桥单臂测量；（b）半桥双臂测量

2）全桥接线法

（1）对臂测量［如图 1.3.4（a）所示］：电桥中相对的两桥臂（常用 AB 和 CD 桥臂）接工作片，另两桥臂接温度补偿片。此时，4 个桥臂的电阻处于相同的温度条件下，相互抵消了温度的影响。应变仪的读数为

$$\varepsilon_{\mathrm{d}} = (\varepsilon_1 + \varepsilon_{1\mathrm{t}}) - \varepsilon_{2\mathrm{t}} - \varepsilon_{3\mathrm{t}} + (\varepsilon_4 + \varepsilon_{4\mathrm{t}}) = \varepsilon_1 + \varepsilon_4$$

（2）全桥测量［如图 1.3.4（b）所示］：电桥中的 4 个桥臂上全部接工作应变片，由于它们处于相同的温度条件下，相互抵消了温度的影响。应变仪的读数为

$$\varepsilon_{\mathrm{d}} = \varepsilon_1 - \varepsilon_2 - \varepsilon_3 + \varepsilon_4$$

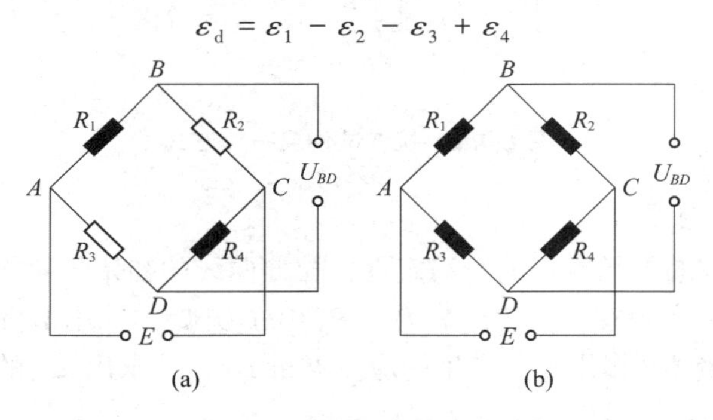

图 1.3.4　全桥电路接线法

（a）对臂测量；（b）全桥测量

3）桥臂系数

同一个被测量值，其组桥方式不同，应变仪的读数 ε_{d} 也不相同。定义测量出的应变仪的读数 ε_{d} 与待测应变 ε 之比为桥臂系数，即

$$B = \frac{\varepsilon_{\mathrm{d}}}{\varepsilon}$$

1.4　材料弹性模量 E 和泊松比 μ 的测定

【实验目的】

（1）测定常用金属材料的弹性模量 E 和泊松比 μ；

（2）验证胡克定律。

【实验仪器设备和工具】

（1）组合实验台中拉伸装置；
（2）XL2118 系列力和应变综合参数测试仪；
（3）游标卡尺、钢板尺。

【实验原理和方法】

试件采用矩形截面试件，电阻应变片布片方式如图 1.4.1 所示。在试件中央截面上，沿前、后两面的轴线方向分别对称地贴一对轴向应变片 $R1$、$R1'$ 和一对横向应变片 $R2$、$R2'$，以测量轴向应变 ε 和横向应变 ε'。

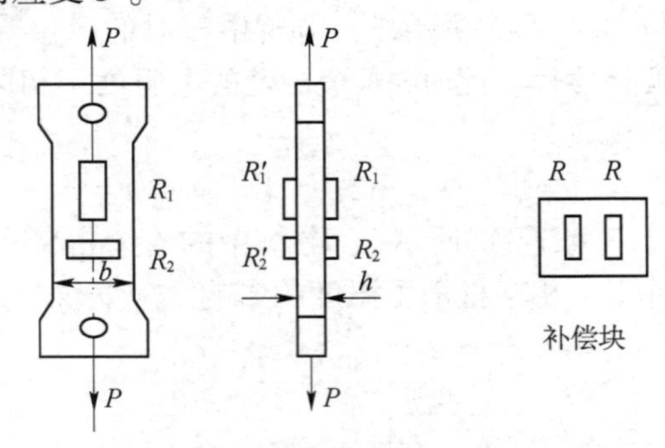

图 1.4.1　拉伸试件及布片方式

1. 弹性模量 E 的测定

由于实验装置和安装初始状态的不稳定性，拉伸曲线的初始阶段往往是非线性的。为了尽可能减小测量误差，实验宜从一初载荷 P_0（$P_0 \neq 0$）开始，采用增量法，分级加载，分别测量在各相同载荷增量 ΔP 作用下，产生的应变增量 $\Delta\varepsilon$，并求出 $\Delta\varepsilon$ 的平均值。设试件初始横截面面积为 A_0，又因 $\varepsilon = \dfrac{\Delta l}{l}$，则有

$$E = \frac{\Delta P}{\Delta\varepsilon A_0}$$

式中：A_0——试件截面面积；

$\Delta\varepsilon$ ——轴向应变增量的平均值。

上式即为弹性模量 E 的计算公式。

用上述矩形截面试件测 E 时，合理地选择组桥方式可有效地提高测试灵敏度和实验效率。下面讨论几种常见的组桥方式。

1）单臂测量

如图 1.4.2（a）所示，实验时，在一定载荷条件下，分别对前、后两轴向应变片进行单片测量，并取其平均值 $\bar{\varepsilon} = (\varepsilon_1 - \varepsilon_1')/2$。显然，$(\bar{\varepsilon}_n + \varepsilon_0)$ 代表载荷 $(\bar{P}_n + P_0)$ 作用下试件的实际应变量。而且 $\bar{\varepsilon}$ 消除了偏心弯曲引起的测量误差。

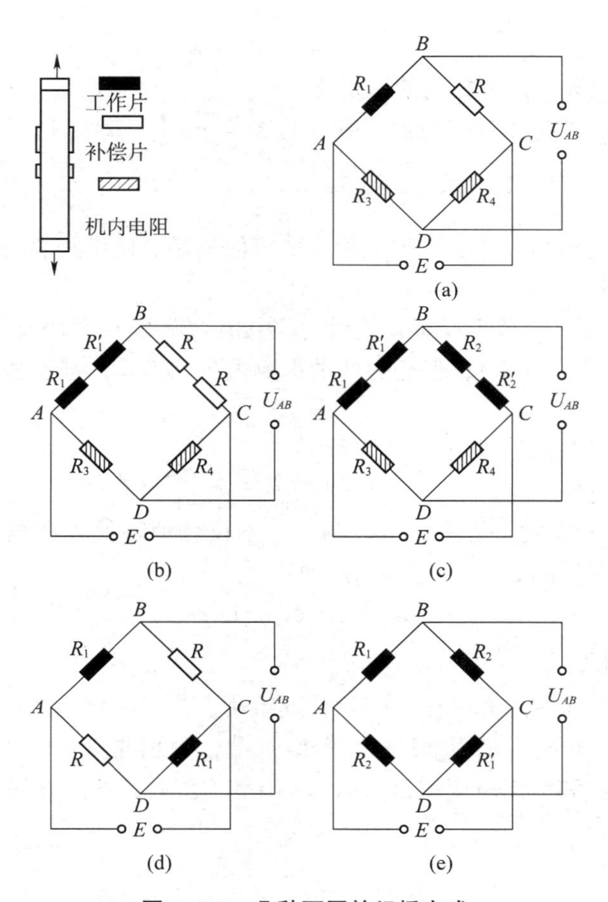

图 1.4.2　几种不同的组桥方式

（a）单臂测量；（b）轴向应变片串联后的单臂测量；（c）串联后的半桥测量；（d）相对桥臂测量；（e）全桥测量

2）轴向应变片串联后的单臂测量

如图 1.4.2（b）所示，为消除偏心弯曲引起的影响，可将前后两轴向应变片串联后接在同一桥臂（AB）上，而邻臂（BC）接相同阻值的补偿片。受拉时，两枚轴向应变片的电阻变化分别为

$$\Delta R_1 = \Delta R_1 + \Delta R_M$$
$$\Delta R_1{}' = \Delta R_1{}' - \Delta R_M$$

式中：ΔR_M 为偏心弯曲引起的电阻变化，拉、压两侧大小相等方向相反。

根据桥路原理，AB 桥臂有

$$\frac{\Delta R}{R} = \frac{\Delta R_1 + \Delta R_M + \Delta R_1{}' - \Delta R_M}{R_1 + R_1{}'} = \frac{\Delta R_1}{R_1}$$

因此，轴向应变片串联后，偏心弯曲的影响自动消除，而应变仪的读数就等于试件的应变，即 $\varepsilon_p = \varepsilon_d$（$\varepsilon_p$ 为轴向应变）。很显然，这种测量方法没有提高测量灵敏度。

3）串联后的半桥测量

如图 1.4.2（c）所示，将两轴向应变片串联后接 AB 桥臂；两横向应变片串联后接 BC 桥臂，偏心弯曲的影响可自动消除，而温度影响也可自动补偿。根据桥路原理得

$$\varepsilon_d = \varepsilon_1 - \varepsilon_2 - \varepsilon_3 + \varepsilon_4$$

式中：$\varepsilon_1 = \varepsilon_p$；$\varepsilon_2 = -\mu\varepsilon_p$，$\mu$ 为材料的泊松比。

由于 ε_3、ε_4 为 0，故电阻应变仪的读数应为 $\varepsilon_d = \varepsilon_p(1+\mu)$，则有

$$\varepsilon_p = \frac{\varepsilon_d}{1+\mu}$$

如果材料的泊松比已知，那么这种组桥方式可使测量灵敏度提高（$1+\mu$）倍。

4）相对桥臂测量

如图 1.4.2（d）所示，将两轴向应变片分别接在电桥的相对两臂（AB、CD），两温度补偿片接在相对桥臂（BC、DA），偏心弯曲的影响可自动消除。根据桥路原理得

$$\varepsilon_d = 2\varepsilon_p$$

测量灵敏度提高了 2 倍。

5）全桥测量

按图 1.4.2（e）的方式组桥进行全桥测量，不仅可消除偏心和温度的影响，而且使测量灵敏度比单臂测量时提高 2（$1+\mu$）倍，即

$$\varepsilon_d = 2\varepsilon_p(1+\mu)$$

2. 泊松比 μ 的测定

利用试件上的横向应变片和纵向应变片合理组桥，为了尽可能减小测量误差，实验宜从一初载荷 P_0（$P_0 \neq 0$）开始，采用增量法，分级加载，分别测量在各相同载荷增量 ΔP 作用下，横向应变增量 $\Delta\varepsilon'$ 和纵向应变增量 $\Delta\varepsilon$。求出平均值后，按定义便可求得泊松比 μ，即

$$\mu = \left|\frac{\overline{\Delta\varepsilon'}}{\overline{\Delta\varepsilon}}\right|$$

【实验步骤】

（1）设计好本实验所需的各类数据表格。

（2）测量试件尺寸。在试件标距范围内，测量试件 3 个横截面尺寸，取 3 处横截面面积的平均值作为试件的横截面面积 A_0，如表 1.4.1 所示。

表 1.4.1　试件相关数据

试件	厚度 h/mm	宽度 b/mm	横截面面积 $A_0=bh$/mm^2
截面Ⅰ	4.8	30	
截面Ⅱ	4.8	30	
截面Ⅲ	4.8	30	
平均	4.8	30	
弹性模量 E=206 GPa			
泊松比 μ=0.26			

（3）拟定加载方案。先选取适当的初载荷 P_0（一般取 $P_0 = 10\% P_{max}$），估算 P_{max}（该实验载荷范围 $P_{max} \leqslant 5\ 000$ N），分 4～6 级加载。

（4）根据加载方案，调整好实验加载装置。

(5) 按实验要求接好线 [为提高测试精度建议采用图 1.4.2 (d) 所示相对桥臂测量方法，纵向应变 $\varepsilon_d = 2\varepsilon_p$，横向应变 $\varepsilon_d' = 2\varepsilon_p'$]，调整好仪器，检查整个测试系统是否处于正常工作状态。

(6) 加载。均匀缓慢加载至初载荷 P_0，记下各点应变的初始读数；然后分级等增量加载，每增加一级载荷，依次记录各点电阻应变片的应变值，直到最终载荷。实验至少重复两次。相对桥臂测量数据表格如表 1.4.2 所示，其他组桥方式实验表格可根据实际情况自行设计。

(7) 做完实验后，卸掉载荷，关闭电源，整理好所用仪器、设备，清理实验现场，实验资料交指导教师检查签字。

表 1.4.2　实验数据

载荷/N	P	1 000	2 000	3 000	4 000	5 000	
	ΔP	1 000	1 000	1 000	1 000		
轴向应变读数	ε_d						
	$\Delta\varepsilon_{dp}$						
	$\Delta\varepsilon_d$ 平均值						
	$\Delta\varepsilon_p$						
横向应变读数	ε_d'						
	$\Delta\varepsilon_d'$						
	$\Delta\varepsilon_d'$平均值						
	ε_p'						

【实验结果处理】

(1) 弹性模量计算

$$E = \frac{\Delta P}{\Delta\bar{\varepsilon} A_0}$$

(2) 泊松比计算

$$\mu = \left| \frac{\overline{\Delta\varepsilon'}}{\Delta\bar{\varepsilon}} \right|$$

1.5　纯弯曲梁的正应力实验

【实验目的】

(1) 测定梁在纯弯曲时横截面上正应力大小和分布规律；

(2) 验证纯弯曲梁的正应力计算公式。

【实验仪器设备和工具】

（1）组合实验台中纯弯曲梁实验装置；

（2）XL2118 系列力和应变综合参数测试仪；

（3）游标卡尺、钢板尺。

【实验原理及方法】

在纯弯曲条件下，根据平面假设和纵向纤维间无挤压的假设，可得到梁横截面上任一点的正应力，计算公式为

$$\sigma = \frac{My}{I_z}$$

式中：M 为弯矩，I_z 为横截面对中性轴的惯性矩；y 为所求应力点至中性轴的距离。

为了测量梁在纯弯曲时横截面上正应力的分布规律，在梁的纯弯曲段沿梁侧面不同高度，平行于轴线贴有应变片，如图 1.5.1 所示。

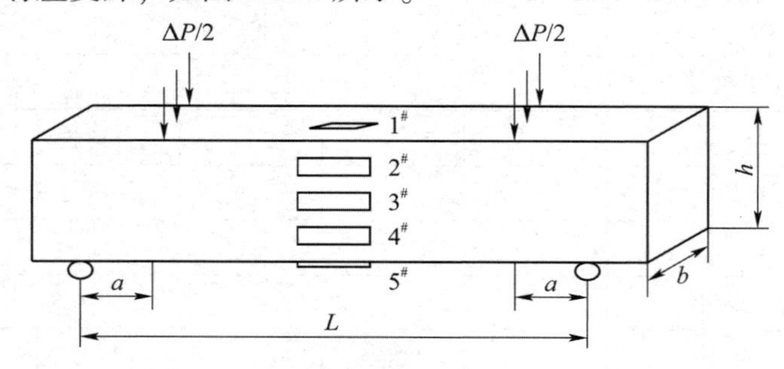

图 1.5.1　应变片在梁的中间位置

实验可采用半桥单臂、公共补偿、多点测量方法。加载采用增量法，即每增加等量的载荷 ΔP，测出各点的应变增量 $\Delta\varepsilon$，然后分别取各点应变增量的平均值 $\Delta\varepsilon_{i实}$，依次求出各点的应力增量 $\sigma_{i实} = E\Delta\varepsilon_{i实}$，将实测应力值与理论应力值进行比较，以验证弯曲正应力公式。

【实验步骤】

（1）设计好本实验所需的各类数据表格。

（2）测量矩形截面梁的宽度 b 和高度 h、载荷作用点到梁支点距离 a 及各应变片到中性层的距离 Y_i，如表 1.5.1 所示。

（3）拟定加载方案。先选取适当的初载荷 P_0（一般取 $P_0 = 10\% P_{max}$），估算 P_{max}（该实验载荷范围 $P_{max} \leqslant 4\,000$ N），分 4 ~6 级加载。

（4）根据加载方案，调整好实验加载装置。

（5）按实验要求接好线，调整好仪器，检查整个测试系统是否处于正常工作状态。

（6）加载。均匀缓慢加载至初载荷 P_0，记下各点应变的初始读数；然后分级等增量加载，每增加一级载荷，依次记录各点电阻应变片的应变值 ε_i，直到最终载荷。实验至少重复 2 次，实验数据记录在表 1.5.2 中。

（7）做完实验后，卸掉载荷，关闭电源，整理好所用仪器、设备，清理实验现场，实验资料交指导教师检查签字。

表 1.5.1 试件相关数据

应变片至中性层距离/mm		梁的尺寸和有关参数
Y_1	-20	宽度 $b=20$ mm
Y_2	-10	高度 $h=40$ mm
Y_3	0	跨度 $L=600$ mm
Y_4	10	载荷距离 $a=125$ mm
Y_5	20	弹性模量 $E=206$ GPa
		泊松比 $\mu=0.26$
		惯性矩 $I_z=bh^3/12=1.067\times10^{-7}$ m^4

表 1.5.2 实验数据

载荷/N		P	500	1 000	1 500	2 000	2 500	3 000
		ΔP	500	500	500	500	500	
各测点电阻应变仪读数	1	ε_P						
		$\Delta\varepsilon_P$						
		平均值						
	2	ε_P						
		$\Delta\varepsilon_P$						
		平均值						
	3	ε_P						
		$\Delta\varepsilon_P$						
		平均值						
	4	ε_P						
		$\Delta\varepsilon_P$						
		平均值						
	5	ε_P						
		$\Delta\varepsilon_P$						
		平均值						

【实验结果处理】

1. 实验值计算

根据测得的各点应变值 ε_i 求出应变增量平均值 $\overline{\Delta\varepsilon_i}$，代入胡克定律计算各点的实验应力值，因 1 $\mu\varepsilon=10^{-6}\,\varepsilon$，所以各点实验应力计算式为

$$\sigma_{i实}=E\varepsilon_{i实}=E\times\overline{\Delta\varepsilon_i}\times10^{-6}$$

2. 理论值计算

载荷增量 $\Delta P=500\ \text{N}$

弯矩增量 $\Delta M=\Delta P\cdot a/2=31.25\ \text{N}\cdot\text{m}$

各点理论值计算式为

$$\sigma_{i理}=\frac{\Delta My_i}{I_z}$$

3. 绘出实验应力值和理论应力值的分布图

分别以横坐标轴表示各测点的应力 $\sigma_{i实}$ 和 $\sigma_{i理}$，以纵坐标轴表示各测点距梁中性层位置 Y_i，选用合适的比例绘出应力分布图。

4. 实验值与理论值的比较

实验值与理论值的比较如表 1.5.3 所示。

表 1.5.3　实验值与理论值的比较

测点	理论值 $\sigma_{i理}$/MPa	实验值 $\sigma_{i实}$/MPa	相对误差
1			
2			
3			
4			
5			

1.6　薄壁圆筒在弯扭组合变形下主应力的测定

【实验目的】

（1）用电测法测定平面应力状态下主应力的大小及方向，并与理论值进行比较；

（2）测定薄壁圆筒在弯扭组合变形作用下的弯矩和扭矩；

（3）进一步掌握电测法。

【实验仪器设备和工具】

（1）弯扭组合实验装置；

（2）力和应变综合参数测试仪；

（3）游标卡尺、钢板尺。

【实验原理和方法】

1. 测定主应力大小和方向

薄壁圆筒受弯扭组合作用，发生组合变形。圆筒的 m 点处于平面应力状态，如图 1.6.1 所示。在 m 点单元体上作用有由弯矩引起的正应力 σ_x，由扭矩引起的剪应力 τ_n，主应力是

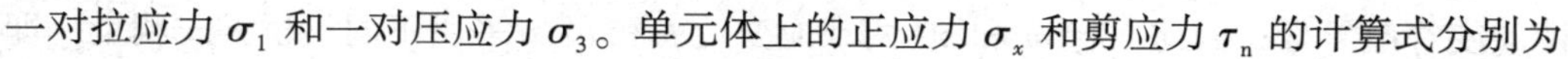

一对拉应力 σ_1 和一对压应力 σ_3。单元体上的正应力 σ_x 和剪应力 τ_n 的计算式分别为

$$\sigma_x = \frac{M}{W_z}, \qquad \tau_n = \frac{M_n}{W_T}$$

式中：M——弯矩，$M=PL$；

M_n——扭矩，$M_n=Pa$；

W_z——抗弯截面模量，对空心圆筒有 $W_z = \frac{\pi D^3}{32}\left[1-\left(\frac{d}{D}\right)^4\right]$

W_T——抗扭截面模量，对空心圆筒有 $W_T = \frac{\pi D^3}{16}\left[1-\left(\frac{d}{D}\right)^4\right]$

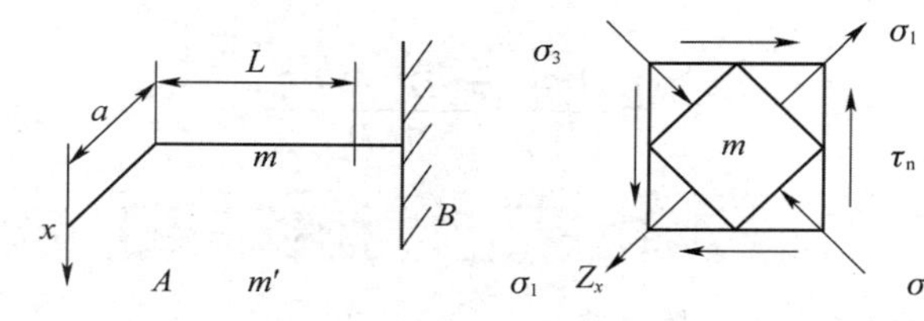

图 1.6.1　圆筒 m 点应力状态

由二向应力状态分析可得到主应力及其方向为

$$\sigma_{1,3} = \frac{\sigma_x}{2} \pm \sqrt{\left(\frac{\sigma_x}{2}\right)^2 + \tau_n^2}, \qquad \tan 2\alpha_0 = \frac{-2\tau_n}{\sigma_x}$$

本实验装置采用的是45°直角应变花，在 m、m' 点各贴一组应变花，应变花上 3 个应变片的 α 角分别为-45°、0°、45°（见图 1.6.2），该点主应变和主方向为

$$\varepsilon_{1,3} = \frac{(\varepsilon_{45^\circ} + \varepsilon_{-45^\circ})}{2} \pm \frac{\sqrt{2}}{2}\sqrt{(\varepsilon_{45^\circ} - \varepsilon_{0^\circ})^2 + (\varepsilon_{-45^\circ} - \varepsilon_{0^\circ})^2}$$

$$\tan 2\alpha_0 = \frac{(\varepsilon_{45^\circ} - \varepsilon_{-45^\circ})}{(2\varepsilon_{0^\circ} - \varepsilon_{45^\circ} - \varepsilon_{-45^\circ})}$$

主应力和主方向为

$$\sigma_{1,3} = \frac{E(\varepsilon_{45^\circ} + \varepsilon_{-45^\circ})}{2(1-\mu)} \pm \frac{\sqrt{2}E}{2(1+\mu)}\sqrt{(\varepsilon_{45^\circ} - \varepsilon_{0^\circ})^2 + (\varepsilon_{-45^\circ} - \varepsilon_{0^\circ})^2}$$

$$\tan 2\alpha_0 = \frac{(\varepsilon_{45^\circ} - \varepsilon_{-45^\circ})}{(2\varepsilon_{0^\circ} - \varepsilon_{45^\circ} - \varepsilon_{-45^\circ})}$$

图 1.6.2　测点应变片布置图

2. 测定弯矩

薄壁圆筒虽为弯扭组合变形，但 m 和 m' 两点沿 x 方向只有因弯曲引起的拉伸和压缩应

变，且两应变等值异号。因此，将 m 和 m' 两点应变片 b 和 b'，采用不同组桥方式测量，即可得到 m、m' 两点由弯矩引起的轴向应变 ε_{M}，则截面 $m-m'$ 的弯矩实验值为

$$M = E\varepsilon_{\mathrm{M}} W_z = \frac{E\pi(D^4 - d^4)}{32D}\varepsilon_{\mathrm{M}}$$

3. 测定扭矩

当薄壁圆筒受纯扭转时，m 和 m' 两点 45°方向和−45°方向的应变片都是沿主应力方向，且主应力 σ_1 和 σ_3 数值相等符号相反。因此，采用不同的组桥方式测量，可得到 m 和 m' 两点由扭矩引起的主应变 ε_{n}。由扭转时主应力 σ_1 和剪应力 τ 相等，可得截面 $m-m'$ 的扭矩实验值为

$$M_{\mathrm{n}} = \frac{E\varepsilon_{\mathrm{n}}}{1+\mu}\frac{\pi(D^4 - d^4)}{16D}$$

【实验步骤】

（1）设计好本实验所需的各类数据表格。

（2）测量试件尺寸、加力臂长度和测点距力臂的距离，确定试件有关参数，如表 1.6.1 所示。

（3）将薄壁圆筒上的应变片按不同测试要求接到仪器上，组成不同的测量电桥。调整好仪器，检查整个测试系统是否处于正常工作状态。

主应力大小、方向测定：将 m 和 m' 两点的所有应变片按半桥单臂、公共温度补偿法组成测量线路进行测量。

测定弯矩时，将 m 和 m' 两点的 b 和 b' 两应变片按半桥双臂组成测量线路进行测量$\left(\varepsilon = \dfrac{\varepsilon_{\mathrm{d}}}{2}\right)$。

测定扭矩时，将 m 和 m' 两点的 a、c 和 a'、c' 四只应变片按全桥方式组成测量线路进行测量$\left(\varepsilon = \dfrac{\varepsilon_{\mathrm{d}}}{4}\right)$。

（4）拟定加载方案。先选取适当的初载荷 P_0（一般取 $P_0 = 10\% P_{\max}$），估算 $P_{\max}$（该实验载荷范围 $P_{\max} \leqslant 700$ N），分 4～6 级加载。

（5）根据加载方案，调整好实验加载装置。

（6）加载。均匀缓慢加载至初载荷 P_0，记下各点应变的初始读数；然后分级等增量加载，每增加一级载荷，依次记录各点电阻应变片的应变值，直到最终载荷。实验至少重复 2 次。实验数据记录在表 1.6.2 和表 1.6.3 中。

（7）做完实验后，卸掉载荷，关闭电源，整理好所用仪器、设备，清理实验现场，实验资料交指导教师检查签字。

（8）实验装置中，圆筒的管壁很薄，为避免损坏，切勿超载，且不能用力扳动圆筒的自由端和力臂。

表 1.6.1 试件相关数据

圆筒的尺寸和有关参数	
计算长度 $L=240$ mm	弹性模量 $E=206$ GPa
外径 $D=40$ mm	泊松比 $\mu=0.26$
内径 $d=31.8$ mm	
扇臂长度 $a=248$ mm	

表 1.6.2 实验数据

载荷/N			P	100	200	300	400	500	600
			ΔP	100	100	100	100	100	
各测点电阻应变仪读数	m 点	45°	ε_P						
			$\Delta\varepsilon_P$						
			平均值						
		0	ε_P						
			$\Delta\varepsilon_P$						
			平均值						
		−45°	ε_P						
			$\Delta\varepsilon_P$						
			平均值						
	m'点	45°	ε_P						
			$\Delta\varepsilon_P$						
			平均值						
		0°	ε_P						
			$\Delta\varepsilon_P$						
			平均值						
		−45°	ε_P						
			$\Delta\varepsilon_P$						
			平均值						

表 1.6.3 实验数据

载荷/N		P	100	200	300	400	500	600
		ΔP	100	100	100	100	100	
电阻应变仪读数	弯矩 ε_M	ε_P						
		$\Delta\varepsilon_P$						
		平均值						
	扭矩 ε_n	ε_P						
		$\Delta\varepsilon_P$						
		平均值						

【实验结果处理】

1. 主应力及方向

m 或 m' 点实测值主应力及方向的计算式为

$$\sigma_{1,3}=\frac{E(\varepsilon_{45^\circ}+\varepsilon_{-45^\circ})}{2(1-\mu)}\pm\frac{\sqrt{2}E}{2(1+\mu)}\sqrt{(\varepsilon_{45^\circ}-\varepsilon_{0^\circ})^2+(\varepsilon_{-45^\circ}-\varepsilon_{0^\circ})^2}$$

$$\tan 2\alpha_0=\frac{(\varepsilon_{45^\circ}-\varepsilon_{-45^\circ})}{(2\varepsilon_{0^\circ}-\varepsilon_{45^\circ}-\varepsilon_{-45^\circ})}$$

m 或 m' 点理论值主应力及方向的计算式为

$$\sigma_{1,3}=\frac{\sigma_x}{2}\pm\sqrt{\left(\frac{\sigma_x}{2}\right)^2+\tau_n^2}$$

$$\tan 2\alpha_0=\frac{-2\tau_n}{\sigma_x}$$

2. 弯矩及扭矩

$m-m'$ 实测值弯曲应力及剪应力计算如下：

弯曲应力 $\sigma_M=E\overline{\varepsilon_M}$

剪应力 $\tau_n=\sigma_1=\frac{E\overline{\varepsilon_n}}{(1+\mu)}$

弯矩 $M=E\overline{\varepsilon_M}W_z=\frac{E\pi(D^4-d^4)}{32D}\overline{\varepsilon_M}$

扭矩 $M_n=\frac{E\pi(D^4-d^4)}{16D(1+\mu)}\overline{\varepsilon_n}$

$m-m'$ 理论值弯曲应力及剪应力的计算式为

弯曲应力 $\sigma=\frac{32MD}{\pi(D^4-d^4)}$

剪应力 $\tau=\frac{16M_nD}{\pi(D^4-d^4)}$

弯矩 $M=\Delta PL$

扭矩 $M_n=\Delta Pa$

3. 实验值与理论值比较

m 或 m' 点主应力及方向如表 1.6.4 所示。

表 1.6.4　m 或 m' 点主应力及方向

比较内容		实验值	理论值	相对误差/%
m 点	σ_1/MPa			
	σ_3/MPa			
	α_0/（°）			

续表

比较内容		实验值	理论值	相对误差/%
m'点	σ_1/MPa			
	σ_3/MPa			
	α_0/（°）			

$m-m'$ 截面弯矩和扭矩如表1.6.5所示。

表1.6.5 m-m'截面弯矩和扭矩

比较内容	实验值	理论值	相对误差/%
σ_M/MPa			
T_n/ MPa			
M/(N·m)			
M_n/(N·m)			

【思考题】

（1）测量单一内力分量引起的应变，可以采用那几种桥路接线法？

（2）主应力测量中，45°直角应变花是否可沿任意方向粘贴？

（3）对测量结果进行分析讨论，产生误差的主要原因是什么？

1.7 压杆稳定实验

【实验目的】

（1）用电测法测定两端铰支压杆的临界载荷 P_{cr}，并与理论值进行比较，验证欧拉公式；

（2）观察两端铰支压杆丧失稳定的现象。

【实验仪器设备与工具】

（1）材料力学组合实验台中压杆稳定实验装置；

（2）XL2118 系列力和应变综合参数测试仪；

（3）游标卡尺、钢板尺。

【实验原理和方法】

对于两端铰支、中心受压的细长杆，其临界力可按欧拉公式计算，即

$$P_{cr}=\frac{\pi^2 EI_{min}}{L^2}$$

式中：I_{min}——杠杆横截面的最小惯性矩，$I_{min}=\dfrac{bh^3}{12}$；

L——压杆的计算长度。

当 $P < P_{cr}$ 时压杆始终保持直线形式，处于稳定平衡状态。$P = P_{cr}r$ 时，标志着压杆丧失稳定平衡的开始，压杆可在微弯的状态下维持平衡。当 $P > P_{cr}$ 时压杆将丧失稳定而发生弯曲变形。因此，P_{cr} 是压杆由稳定平衡过渡到不稳定平衡的临界力。

实际实验中的压杆，不可避免地存在初曲率，且会有材料不均匀和载荷偏心等情况。由于这些影响，在 $P \ll P_{cr}$ 时，压杆也会发生微小的弯曲变形，只是当 P 接近 P_{cr} 时弯曲变形会突然增大，而丧失稳定。

实验测定 P_{cr} 时，可采用材料力学组合实验台中压杆稳定实验装置。该装置上、下支座为V形槽口，将带有圆弧尖端的压杆装入支座中，在外力的作用下，通过能上下活动的上支座对压杆施加载荷，压杆变形时，两端能自由地绕V形槽口转动，即相当于两端铰支的情况，如图1.7.1（a）所示。利用电测法在压杆中央两侧各贴一枚应变片 R_1 和 R_2，如图1.7.1（b）所示。假设压杆受力后向右弯曲，以 ε_1 和 ε_2 分别表示应变片 R_1 和 R_2 左右两点的应变值。此时，ε_1 是轴向压应变与弯曲产生的拉应变之代数和，ε_2 则是轴向压应变与弯曲产生的压应变之代数和。

当 $P \ll P_{cr}$ 时，压杆几乎不发生弯曲变形，ε_1 和 ε_2 均为轴向压缩引起的压应变，两者相等；当载荷 P 增大时，弯曲应变 ε_1 逐渐增大，ε_1 和 ε_2 的差值也越来越大；当载荷 P 接近临界力 P_{cr} 时，二者相差更大，而 ε_1 变成拉应变。故无论是 ε_1 还是 ε_2，当载荷 P 接近临界力 P_{cr} 时，二者均急剧增加。如用横坐标代表载荷 P，纵坐标代表压应变 ε，则压杆的 $P-\varepsilon$ 关系曲线如图1.7.1（b）所示。作 $P-\varepsilon$ 曲线的竖直渐近线 AB，交横坐标于点 A，点A对应的横坐标大小即为实验临界压力值。

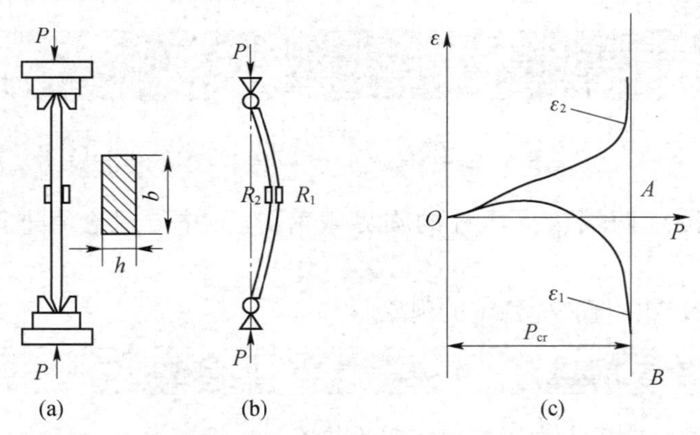

图1.7.1　实验装置示意弯曲状态的压杆和 $P-\varepsilon$ 曲线

（a）实验装置示意；（b）弯曲状态的压杆；（c）$P-\varepsilon$ 曲线

【实验步骤】

（1）设计好本实验所需的各类数据表格。

（2）测量试件尺寸。在试件标距范围内，测量试件3处横截面尺寸，取3处横截面的宽度 b 和厚度 h，取其平均值用于计算横截面的最小惯性矩 I_{min}，如表1.7.1所示。

（3）拟定加载方案。加载前用欧拉公式求出压杆临界压力 P_{cr} 的理论值，在预估临界力值的80%以内，可采取大等级加载，进行载荷控制。例如，可以分成4～5级，载荷每增加

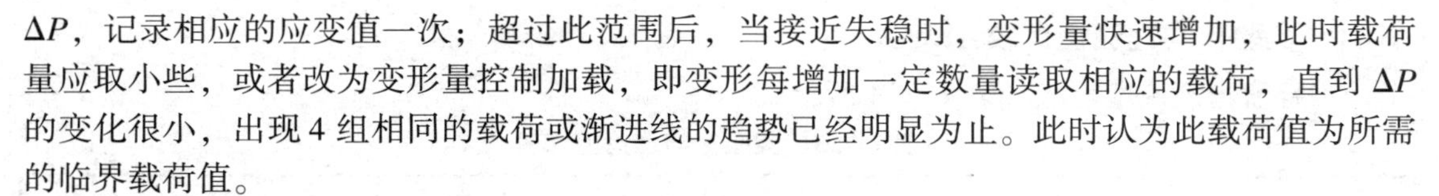

ΔP，记录相应的应变值一次；超过此范围后，当接近失稳时，变形量快速增加，此时载荷量应取小些，或者改为变形量控制加载，即变形每增加一定数量读取相应的载荷，直到 ΔP 的变化很小，出现 4 组相同的载荷或渐进线的趋势已经明显为止。此时认为此载荷值为所需的临界载荷值。

（4）根据加载方案，调整好实验加载装置。

（5）按实验要求接好线，调整好仪器，检查整个测试系统是否处于正常工作状态。

（6）加载分成两个阶段，在达到理论临界载荷 P_{cr} 的 80% 之前，由载荷控制，均匀缓慢加载，每增加一级载荷，记录两点应变值 ε_1 和 ε_2；超过理论临界载荷 P_{cr} 的 80% 之后，由变形控制，每增加一定的应变量读取相应的载荷值。当试件的弯曲变形明显时即可停止加载，卸掉载荷。实验至少重复两次，实验数据记录在表 1. 7. 2 中。

（7）做完实验后，逐级卸掉载荷，仔细观察试件的变化，直到试件回弹至初始状态。关闭电源，整理好所用仪器、设备，清理实验现场，实验资料交指导教师检查签字。

表 1. 7. 1　试件相关数据

试件参数及有关资料	截面Ⅰ	截面Ⅱ	截面Ⅲ	平均值
厚度 h/mm	1. 9	1. 9	1. 9	1. 9
宽度 b/mm	20	20	20	20
长度 L/mm	318			
最小惯性矩/m^4	$I_{min}=bh^3/12$			
弹性模量/GPa	206			

表 1. 7. 2　实验数据

载荷 P/N	应变仪读数	

【实验结果处理】

1. 用方格纸绘出 $P_j-\varepsilon_1$ 和 $P_j-\varepsilon_2$ 曲线，以确定实测临界力 $P_{cr实}$

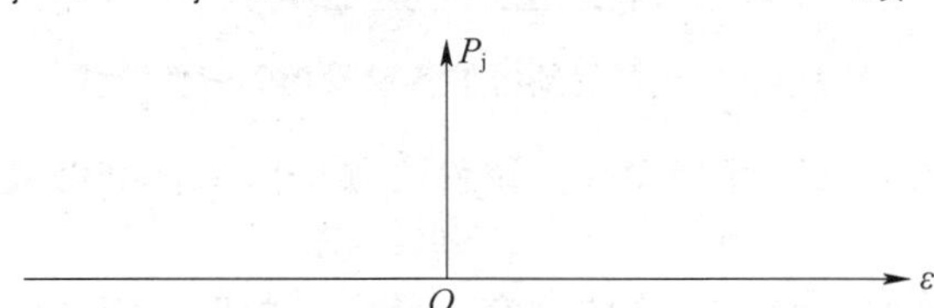

理论临界力 $P_{cr理}$ 计算如下：

试件最小惯性矩 $I_{min}=\dfrac{bh^3}{12}=$________ m^4

试件长度 $L=$________ m

理论临界力 $P_{cr理}=\dfrac{\pi^2 EI_{min}}{L^2}=$________ N

2. 实验值与理论值比较

实验值与理论值比较如表 1.7.3 所示。

表 1.7.3 实验值与理论值比较

实验值 $P_{cr实}$	
理论值 $P_{cr理}$	
误差百分率/%，$\lvert P_{cr理}-P_{cr实}\rvert/P_{cr理}$	

1.8 低碳钢的拉伸和铸铁的压缩

【实验目的】

(1) 测定低碳钢的屈服极限 σ_s、强度极限 σ_b、延伸率 δ、截面收缩率 ψ 和铸铁压缩时的强度性能指标——强度极限，并观察它的破坏现象；

(2) 根据低碳钢拉伸和铸铁压缩过程中出现的现象，绘出外力和变形间的关系曲线（$F-\Delta L$ 曲线）；

(3) 比较低碳钢和铸铁的拉伸性能和断口情况。

【实验仪器设备和工具】

(1) 计算机控制万能实验机；

(2) 游标卡尺、划线器等。

1. 拉伸试件

金属材料拉伸实验常用的试件形状如图 1.8.1 所示，图中工作段长度 l 称为标距，试件的拉伸变形量一般由这一段的变形来测定，两端较粗部分是为了便于装入实验机的夹头内而设计的。

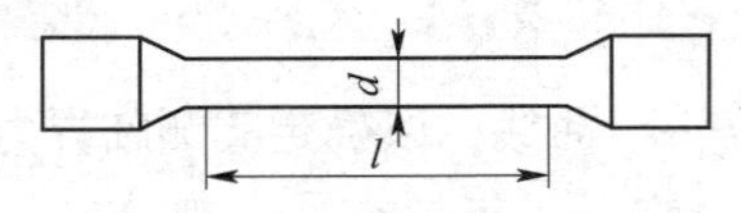

图 1.8.1 金属材料拉伸实验常用的试件形状

为了使实验测得的结果可以互相比较，试件必须按国家标准做成标准试件，即 $l=5d$ 或 $l=10d$。

对于一般板的材料拉伸实验，也应按国家标准做成矩形截面试件，其截面面积和试件标距关系为 $l=11.3\sqrt{A}$ 或 $l=5.65\sqrt{A}$，其中 A 为标距段内的截面积。

2. 压缩试件

按照国家标准 GB/T 7314—2017《金属　压缩实验方法》，金属压缩试件的形状随着产品的品种、规格以及实验目的的不同而分为圆柱体试件、正方形柱体试件和板状试件 3 种。其中，最常用的是圆柱体试件和正方形柱体试件，如图 1.8.2 所示。根据实验的目的，对试

件的标距 l 作如下规定：

$l=(1\sim2)d$ 的试件仅适用于测定 σ_{bc}；

$l=(2.5\sim3.5)d$（或 b）的试件适用于测定 σ_{pc}、σ_{sc} 和 σ_{bc}；

$l=(5\sim8)d$（或 b）的试件适用于测定 $\sigma_{pc0.01}$ 和 E_c。

其中，d（或 b）$=10\sim20$ mm。

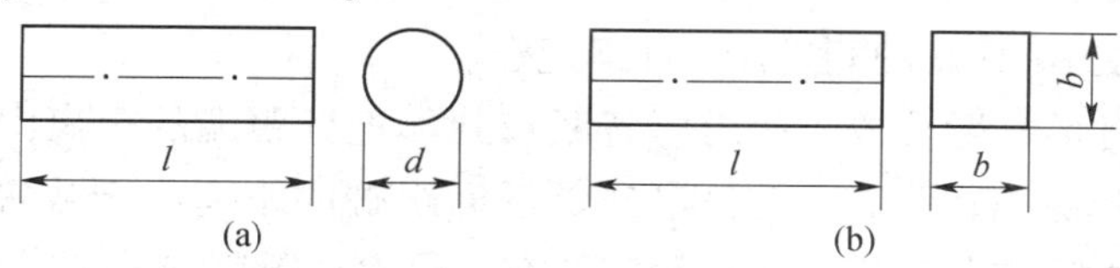

图 1.8.2　压缩试件

（a）圆柱体试件；（b）正方形柱体试件

对试件的形状、尺寸和加工技术的要求参见 GB/T 7314—2017。

【实验原理和方法】

1. 测定低碳钢拉伸时的强度和塑性性能指标

实验时，先把试件安装在万能实验机上，将测力指针调零，并调整好实验机的自动绘图装置，缓慢加载直至试件拉断，以测出低碳钢在拉伸时的力学性能。

1）强度性能指标

屈服极限 σ_s：试件在拉伸过程中不增加而试件仍能继续产生变形时的载荷（即屈服载荷）F_s 除以原始横截面面积 A 所得的应力值，即

$$\sigma_s=\frac{F_s}{A}$$

强度极限 σ_b：试件在拉断前所承受的最大载荷 F_b 除以原始横截面面积 A 所得的应力值，即

$$\sigma_b=\frac{F_b}{A}$$

低碳钢是具有明显屈服现象的塑性材料，在均匀缓慢的加载过程中，万能实验机测力盘上的主动指针发生回转时所指示的最小载荷（下屈服载荷）即为屈服载荷。

超过屈服载荷后，再继续缓慢加载直至试件被拉断，万能实验机的从动指针所指示的最大载荷即为极限载荷。

达到最大载荷后，主动指针将缓慢退回，此时可以看到，在试件的某一部位局部变形加快，出现颈缩现象，随后试件很快被拉断。

2）塑性性能指标

延伸率 δ 为拉断后的试件标距部分所增加的长度与原始标距长度的百分比，即

$$\delta=\frac{l_1-l}{l}\times100\%$$

式中：l——试件的原始标距；

l_1——将拉断的试件对接起来后两标点之间的距离。

由于试件的塑性变形集中产生在颈缩处，并向两边逐渐减小，因此断口的位置不同，标距 l 部分的塑性伸长也不同。若断口在试件的中部，发生严重塑性变形的颈缩段全部在标距长度内，那么在这种情况下，标距长度就有较大的塑性伸长量；若断口距标距端很近，则发生严重塑性变形的颈缩段只有一部分在标距长度内，另一部分在标距长度外，标距长度的塑性伸长量就小。因此，断口的位置对所测得的伸长率有影响。为了避免这种影响，国家标准 GB/T 228.1—2010 对 l_1 的测定作了如下规定。

实验前，将试件的标距分成十等份。若断口到邻近标距端的距离大于 $l/3$，则可直接取标距两端点之间的距离作为 l_1。若断口到邻近标距端的距离小于或等于 $l/3$，则应采用移位法（亦称为补偿法或断口移中法）测定：在长段上从断口 O 点起，取长度基本上等于短段格数的一段，得到 B 点，再由 B 点起，取等于长段剩余格数（偶数）的一半得到 C 点，如图 1.8.3（a）所示；或取剩余格数（奇数）减 1 与加 1 的一半分别得到 C 点与 C_1 点，如图 1.8.3（b）所示。移位后的 l_1 分别为：$l_1=\overline{AO}+\overline{OB}+2\overline{BC}$ 或 $l_1=\overline{AO}+\overline{OB}+\overline{BC}+\overline{BC_1}$。

测量时，两段在断口处应紧密对接，尽量使两段的轴线在同一直线上。若在断口处形成缝隙，则此缝隙应计入 l_1 内。

如果断口在标距以外，或者虽在标距之内，但距标距端点的距离小于 $2d$，则实验无效。

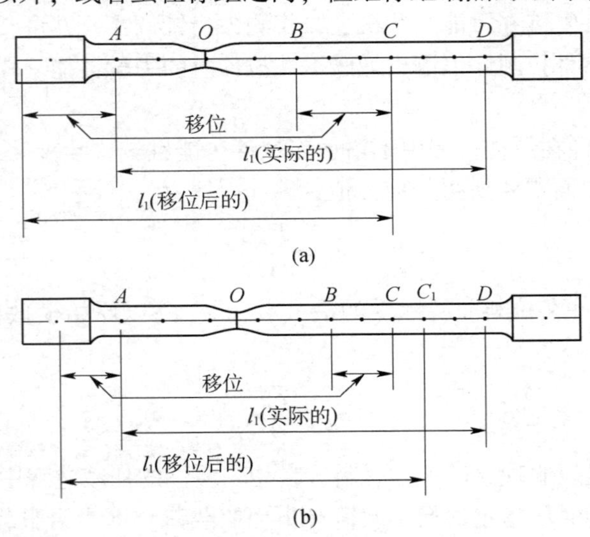

图 1.8.3　测 l_1 的移位法

截面收缩率 ψ 为拉断后的试件在断裂处的最小横截面面积的缩减量与原始横截面面积的百分比，即

$$\psi=\frac{A-A_1}{A}\times100\%$$

式中：A——试件的原始横截面面积；

A_1——拉断后的试件在断口处的最小横截面面积。

2. 测定铸铁压缩时的强度性能指标

由于铸铁在压缩过程中，当试件的变形很小时即发生破坏，故只能测其破坏时的最大载

荷 F_{bc}，抗压强度为

$$\sigma_{bc} = \frac{F_{bc}}{A}$$

【实验步骤】

1. 测定低碳钢拉伸时的强度和塑性性能指标

（1）在试件的标距长度内（$L_0 = 100$ mm）用划线器每隔 10 mm 刻划一圆周线，将标距等分为 10 格。

（2）在试件标距两端和中间部位，分别用游标卡尺在相互垂直方向上测取试件直径的平均值为试件在该处的直径，取三者中的最小值作为计算直径。

（3）把试件安装在万能实验机的上、下夹头之间，估算试件的最大载荷，选择相应的测力盘，配置好相应的摆锤，调整测力指针，使之对准“0”点，将从动指针与之靠拢，同时调整好自动绘图装置。

（4）起动万能实验机，匀速缓慢加载，观察试件的屈服现象和颈缩现象，直至试件被拉断为止，分别记录下主动指针回转时的最小载荷 F_s 和从动指针所停留位置的最大载荷 F_b。

（5）取下拉断后的试件，将断口吻合压紧，用游标卡尺量取断口处的最小直径和两标点之间的距离。

2. 测定铸铁压缩时的强度性能指标

（1）检查试件两端面的光洁度和平行度，并涂上润滑油。用游标卡尺在试件的两端及中间等 3 处截面相互垂直的方向上测取试件直径的平均值，取其平均值中的最小者作为计算直径。

（2）估算试件的最大载荷，选择相应的测力盘，配置好相应的摆锤。调整测力指针，使之对准“0”点，将从动指针与之靠拢，同时调整好自动绘图装置。

（3）检查承垫是否符合要求。

（4）将试件放进万能实验机的上、下承垫之间，并检查对中情况。

（5）起动万能实验机，均匀缓慢加载，注意读取低碳钢的屈服载荷 F_s 和铸铁的最大载荷 F_b，并注意观察试件的变形现象。

【实验结果处理】

（1）绘制拉伸曲线（F–l 曲线）。

（2）整理表如表 1.8.1 ~ 表 1.8.4 所示。

表 1.8.1 低碳钢试件的直径测量数据记录

横截面 1			横截面 2			横截面 3			计算直径 d/mm
（1）	（2）	平均	（1）	（2）	平均	（1）	（2）	平均	

表 1.8.2　测定低碳钢拉伸时的强度和塑性性能指标实验的数据记录与计算

试件尺寸	实验数据
实验前： 标距 l =　　mm 直径 d =　　mm 实验后： 标距 l_1 =　　mm 最小直径 d_1 =　　mm	屈服载荷 F_s =　　kN 最大载荷 F_b =　　kN 屈服极限 $\sigma_s = F_s/A =$　　MPa 强度极限 $\sigma_b = F_b/A =$　　MPa 延伸率 $\delta = (l_1 - l)/l \times 100\% =$ 截面收缩率 $\psi = (A - A_1)/A \times 100\% =$
拉断后的试件草图	试件的拉伸图

表 1.8.3　铸铁试件的直径测量数据记录

横截面 1			横截面 2			横截面 3			计算直径 d/mm
(1)	(2)	平均	(1)	(2)	平均	(1)	(2)	平均	

表 1.8.4　测定铸铁压缩时的强度性能指标实验的数据记录与计算

材料	试件直径 d/mm	实验数据	实验后的试件草图	试件的压缩图
铸铁		最大载荷 F_{bc} =　　kN 强度极限 $\sigma_{bc} = \dfrac{F_{bc}}{A} =$　　MPa		

第2章 机械原理实验

2.1 机械的组成——机构运动简图测绘及零部件认知

【实验目的】

（1）了解各种机械、机构的基本结构；

（2）了解机器的运动原理和其中常用机构的类型及特点；

（3）学会运用构件及其运动副连接常用符号和机械中常用机构的简图符号，正确绘制出机构运动简图；

（4）掌握机构自由度的计算方法。

【实验仪器与设备】

机械原理语音多功能控制陈列柜（以下简称机械原理陈列柜）、机构运动简图测绘模型。

【实验内容及要求】

（1）观察机械原理陈列柜各机构，包括平面连杆机构、空间连杆机构、凸轮机构、齿轮机构、轮系机构、间歇运动机构、组合机构等的运动形态、运动原理、组成及应用；

（2）思考各种机构的用途；

（3）绘制10个机构的运动简图；

（4）计算所画机构的自由度。

【实验步骤】

（1）观看机械原理陈列柜，分析机械的组成情况和运动情况。

（2）沿着运动传递路线，分析两构件间相对运动的性质，以确定运动副的类型和数目。

（3）选择适当比例尺，绘制机构运动简图。在原动件上标出代表其转动方向的箭头，并从原动件起，按传动路线标出各构件的编号（1、2、3、…）和运动副的代号（A、B、C、…）。

（4）计算所画机构的自由度，并将结果与实际机构的自由度对照，观察计算结果与实际是否相符。

（5）对上述机构进行结构分析（高副低代、分离杆组、确定杆组和机构级别等）。

【实验报告】

（1）将课堂上所绘制的各机构草图，按机械制图的要求画出正式的机构运动简图或机构示意图。

（2）计算机构自由度时应列出公式，并写明其活动构件数、各级运动副的数目。

（3）说明机构是否具有确定运动，并说明原因。

【分析与思考】

（1）绘制机构运动简图时，原动件的位置为什么可以任意选择？会不会影响简图的正确性？

（2）机构运动简图与机构示意图的区别是什么？

（3）所测绘的机构能否改进和创新？

（4）机构自由度的计算对测绘机构运动简图有何帮助？机构具有确定运动的条件是什么？

2.2　转子动平衡实验

【实验目的】

（1）巩固转子动平衡知识，加深对转子动平衡概念的理解；

（2）掌握刚性转子动平衡实验的原理及基本方法；

（3）掌握平衡精度的基本概念。

【实验仪器与设备】

（1）CQP-A 型动平衡实验机；

（2）试件（实验转子）；

（3）天平；

（4）平衡块（若干）及橡皮泥（少许）。

【实验原理与方法】

本实验采用的动平衡实验机的结构简图如图 2.2.1 所示。待平衡的试件 1 安放在框形摆架 2 的支承滚轮上，摆架的左端与工字形板簧 3 固结，右端呈悬臂。电动机 4 通过皮带带动试件旋转，当试件有不平衡质量存在时，则产生的离心惯性力将使摆架绕工字形板簧做上下周期性的微幅振动，通过百分表 5 可观察振幅的大小。

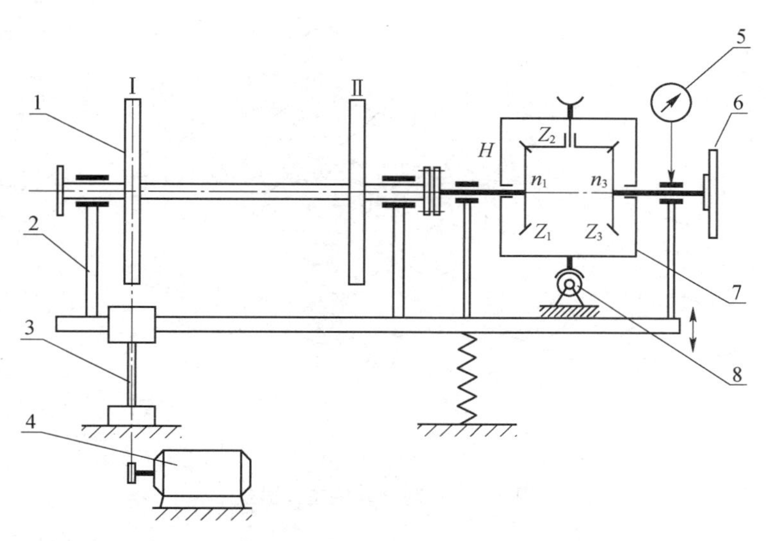

1—转子试件；2—摆架；3—工字形板簧；4—电动机；5—百分表；6—补偿盘；7—差速器；8—蜗杆。

图 2.2.1　动平衡实验机结构简图

试件的不平衡质量的大小和相位可通过安装在摆架右端的测量系统获得。这个测量系统由补偿盘6和差速器7组成。差速器的左端为转动输入端（n_1），通过柔性联轴器与试件连接，右端为输出端（n_3），与补偿盘连接。

差速器由齿数和模数相同的3个圆锥齿轮和1个蜗轮（转臂 H）组成。当蜗轮不转动时：$n_3=-n_1$，即补偿盘的转速 n_3 与试件的转速 n_1 大小相等转向相反；当通过手柄摇动蜗杆8从而带动蜗轮以转速 n_H 转动时，可得出：$n_3=2n_H-n_1$，即 $n_3\neq n_1$。所以，摇动蜗杆可改变补偿盘与试件之间的相对角位移。

图2.2.2为动平衡机工作原理，试件转动后不平衡质量产生的离心惯性力 $F=\omega_2 m_r$，它可分解为垂直分力 F_y 和水平分力 F_x。由于平衡机的工字形板簧在水平方向（绕 y 轴）的抗弯刚度很大，所以水平分力 F_x 对摆架的振动影响很小，可忽略不计；而在垂直方向（绕 x 轴）的抗弯刚度小，因此在垂直分力产生的力矩 $M=F_y\cdot l=\omega_2 m_r l\sin\varphi$ 的作用下，摆架产生周期性上下振动。由动平衡原理可知，任一转子上诸多不平衡质量，都可以用分别处于两个任选平面Ⅰ、Ⅱ内，回转半径分别为 r_{I}、r_{II}，相位角分别为 θ_{I}、θ_{II} 的两不平衡质量来等效。只要这两不平衡质量得到平衡，则该转子达到动平衡。找出这两不平衡质量并相应地加上平衡质量（或减去不平衡质量）就是本实验要解决的问题。

设试件在圆盘Ⅰ、Ⅱ各等效着一不平衡质量 m_{I} 和 m_{II}，对 x 轴产生的惯性力矩分别为

$$M_{\mathrm{I}}=0,\qquad M_{\mathrm{II}}=\omega 2m_{\mathrm{II}}r_{\mathrm{II}}l\sin(\theta_{\mathrm{II}}+\omega t) \tag{2.2.1}$$

摆架振幅 y 大小与力矩 M_{II} 的最大值成正比，即 $y\propto\omega 2m_{\mathrm{II}}r_{\mathrm{II}}l$；而不平衡质量 m_{I} 产生的惯性力以及皮带对转子的作用力均通过 x 轴，不影响摆架的振动，因此可以分别平衡圆盘Ⅱ和圆盘Ⅰ。

本实验的基本方法是：首先，用补偿盘作为平衡平面，通过加平衡质量和利用差速器改变补偿盘与试件转子的相对角度，来平衡圆盘Ⅱ上的离心惯性力，从而实现摆架的平衡；然后，将补偿盘上的平衡质量转移到圆盘Ⅱ上，再实现转子的平衡。

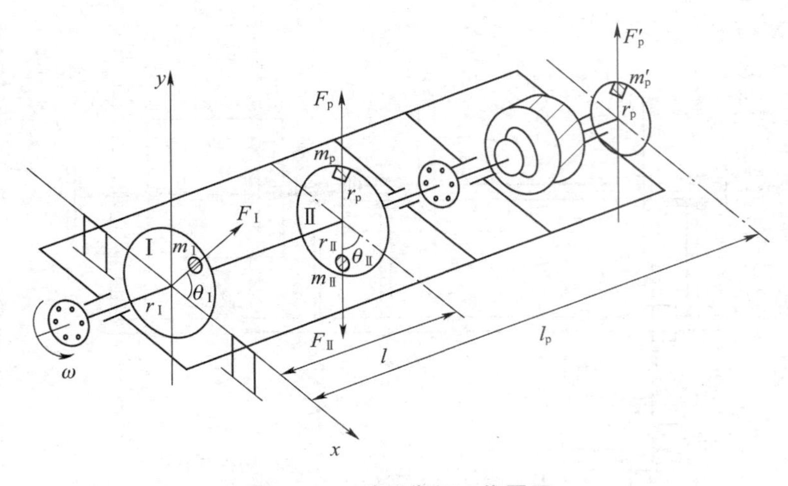

图 2.2.2　动平衡机工作原理

具体操作如下。

在补偿盘上带刻度的沟槽端部加一适当的质量，在试件旋转的状态下摇动蜗杆手柄使蜗轮转动（正转或反转），从而改变补偿盘与试件转子的相对角度，观察百分表振动并使其达到最小，停止转动手柄。摇动手柄要讲究方法：蜗杆安装在机架上，蜗轮安装在摆架上，两者之间有很大间隙。蜗杆转动一定角度后，稍微反转一下，脱离与蜗轮的接触，这样才能使摆架自由振动，然后观察振幅。通过间歇性地使蜗轮向前转动和观察振幅变化，最终可找到振幅最小的位置。停机后在沟槽内再加一些平衡质量，再开机左右转动手柄，如振幅已很小[百分表摆动±（1 ~2）格] 可认为摆架已达到平衡。亦可将最后加在沟槽内的平衡质量的位置沿半径方向作一定调整来减小振幅。保持最后调整到最小振幅的手柄位置不动，停机后用手转动试件使补偿盘上的平衡质量转到最高位置。由惯性力矩平衡条件可知，圆盘Ⅱ上的不平衡质量 $m_Ⅱ$ 必在圆盘Ⅱ的最低位置。再将补偿盘上的平衡质量 $m_p{}'$ 按力矩等效的原则转换为位于圆盘Ⅱ上最高位置的平衡质量 m_p，即可实现试件转子的平衡。根据等效条件有

$$m_p r_p l = m_p{}' r_p{}' l_p \tag{2.2.2}$$

$$m_p = m_p{}' \frac{r_p{}' l_p}{r_p l} \tag{2.2.3}$$

上式中各半径和长度含义见图 2.2.2，其中 $r_p = 70$ mm，$l = 210$ mm，$l_p = 550$ mm。而 $r_p{}'$ 由补偿盘沟槽上的刻度读出。若补偿盘上有多个平衡质量，且装夹半径不同，则可将每一平衡质量分别等效后求和。

在平衡了圆盘Ⅱ后，将试件转子从平衡机上取下，重新安装并以圆盘Ⅱ为驱动轮，再按同样方法求出圆盘Ⅰ上的平衡质量，整个平衡工作才算完成。

平衡后的理想情况是不再振动，但实际上总会残留较小的残余不平衡质量 m'。通过对平衡后转子的残留振动振幅 y' 的测量，可近似计算残余不平衡质量 m'。残余不平衡质量的大小在一定程度上反映了平衡精度。残余不平衡质量可由下式求出

$$m' \approx \frac{y'}{y_0} \times \text{平衡质量} \tag{2.2.4}$$

【实验步骤】

（1）将试件转子安装到摆架的滚轮上，把试件右端的法兰盘与差速器轴端的法兰盘用线绳稍微捆绑在一起组成一个柔性联轴器。装上传动皮带。

（2）用手转动试件和摇动蜗杆上的手柄，检查各部分转动是否正常。松开摆架最右边的两对锁紧螺母，轻压一下摆架，观察摆架振动和百分表摆动是否灵活。在摆架平衡位置将百分表指针调零。

（3）开机前卸下试件上和补偿盘上多余的平衡块。起动电动机，待摆架振动稳定后，记录原始振幅大小 y_0（单位：格）后，停机。

（4）在补偿盘的槽内距轴心最远处加上适当的平衡质量（两块平衡块）。开机后摇动蜗杆上的手柄，观察百分表振幅变化，当摇动到百分表振幅最小时，记录振幅的大小 y_1 和蜗轮的位置角 β_1（差速器外壳上有刻度指示），停机。

（5）按试件转动方向用手转动试件，使补偿盘上的平衡块转到最高位置，取下平衡块将其安装到试件圆盘Ⅱ中相对应的最高位置槽内（先找平衡质量的安装相位角，平衡质量的大小最后一并在天平上量出）。

（6）在补偿盘中上次装加平衡块的位置再加一定的平衡质量（1块平衡块），开机。微调蜗杆上的手柄观察振幅，如振幅小于 y_1，记录此时振幅 y_2 和蜗轮的位置角 β_2，若 β_2 与 β_1 相同或仅是略有改变，则表示实验进行正确；如振幅大于 y_1，可在停机状态下调节平衡质量的装加半径 r_p'，直到振幅减小。

（7）当调整到振幅很小时［百分表摆动±（1～2）格］可视为已达平衡，停机。读出平衡质量的装加半径 r_p'，利用公式2.2.3计算圆盘Ⅱ中应加的等效质量，在天平上量出后按步骤（5）方法加到圆盘Ⅱ中，并取下补偿盘中的质量。

（8）开机检测转子振动，若还存在一些振动可适当调节平衡块的相位。记下残留振动振幅 y'，停机。

（9）在实验报告的实验结果表格中，记录圆盘Ⅱ上平衡质量的装加相位（直接读圆盘Ⅱ上的刻度）；取下平衡质量，在天平上量出数值，并记录；由式（2.2.4）计算残余不平衡质量 m'。

（10）将试件转子掉头，重复上面步骤（1）～（9），完成对圆盘Ⅰ的平衡。

【实验报告】

1. 振动测量

将实验数据记录在表2.2.1中。

表2.2.1　动平衡实验记录

项目	圆盘Ⅱ	圆盘Ⅰ
y_0/格		
y_1/格		
β_1/（°）		

续表

项目	圆盘Ⅱ	圆盘Ⅰ
y_2/格		
β_2/(°)		
y'/格		

2. 计算

残余不平衡质量

$$m' \approx \frac{y'}{y_0} \times 平衡质量$$

3. 实验结果

将实验结果记录在表 2.2.2 中。

表 2.2.2 动平衡实验结果

项目		平衡质量/g	装加半径/mm	装加相位/(°)	残余不平衡质量/g
数值	圆盘Ⅱ		70		
	圆盘Ⅰ		70		

【分析与思考】

(1) 哪些类型的试件需要进行动平衡实验? 实验的理论依据是什么?

(2) 影响平衡精度的因素有哪些?

2.3 齿轮范成实验

【实验目的】

(1) 观察渐开线齿廓的范成形成过程, 由此掌握范成法加工齿轮的原理;

(2) 观察根切的产生过程, 了解根切产生的原因及避免根切的方法;

(3) 分析比较标准齿轮与变位齿轮的异同。

【实验仪器与设备】

(1) 实验设备: 齿轮范成仪;

(2) 自备工具: 钢直尺、圆规、剪刀、铅笔、三角板、绘图纸。

【齿轮范成仪的结构及使用方法简介】

范成仪结构如图 2.3.1 所示, 扇形盘上装有扇形齿轮, 溜板上装有齿条, 它与扇形齿轮相啮合, 在扇形齿轮的分度圆与溜板齿条的节线 (分度线) 上刻有数字, 移动溜板时可看到它们一一对应，即表示齿轮的分度圆与齿条的节线（分度线）作纯滚动。把一分度圆直径与扇形齿轮的分度圆直径相等的待加工齿轮的纸坯固联在扇形盘上，把齿条型刀具固联在溜板上，随着扇形齿轮与溜板齿条的啮合传动，轮坯的分度圆与齿条型刀具的某条节线作纯滚动。通过压板 9 固联纸坯，螺钉 6 可把齿条刀具固联在溜板上，松开螺母后可调整刀具与轮坯的相对位置。如果齿条刀具的中线与轮坯的分度圆相切（此时刀具的标线与溜板两侧标尺的零线对齐），范成出标准齿轮的齿廓。如果改变齿条刀具与轮坯的相对位置，即刀具的中线与轮坯的分度圆不相切，有一段距离（距离 x_m 值可在溜板两侧的标尺上直接读出），则可按移距变位值的大小及方向分别范成出正变位齿轮或负变位齿轮。

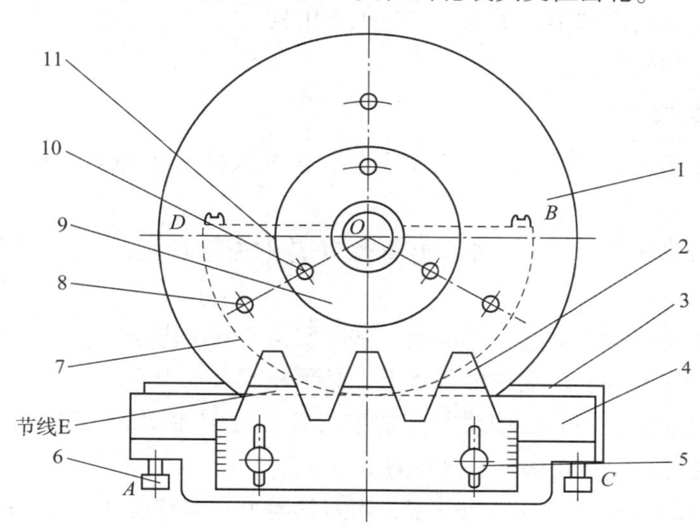

1—图纸托盘；2—齿条刀具；3—机架；4—溜板；5—锁紧螺母；6—调节螺钉；
7—钢丝；8—定位销；9—压板；10—锁紧螺母；11—半圆盘。

图 2.3.1　齿轮范成仪

【实验原理】

由齿轮啮合原理可知，一对渐开线齿轮（或齿轮和齿条）啮合传动时，两轮的齿廓曲线互为包络线。范成法就是利用这一原理来加工齿轮的。用范成法加工齿轮时，其中一轮为形同齿轮或齿条的刀具，另一轮为待加工齿轮的轮坯。刀具与轮坯都安装在机床上，在机床传动链的作用下，刀具与轮坯按齿数比作定传动比的回转运动，与一对齿轮（它们的齿数分别与刀具和待加工齿轮的齿数相同）的啮合传动完全相同。在对滚中，刀具齿廓曲线的包络线就是待加工齿轮的齿廓曲线。与此同时，刀具还一面作径向进给运动（直至全齿高），一面沿轮坯的轴线作切削运动，以切削出待加工齿轮的齿廓。由于在实际加工时看不到刀刃包络出齿轮的过程，故通过齿轮范成实验来表现这一过程。在实验中所用的齿轮范成仪相当于用齿条型刀具加工齿轮的机床，待加工齿轮的纸坯与刀具模型都安装在范成仪上，由范成仪来保证刀具与轮坯的对滚运动（待加工齿轮的分度圆线速度与刀具的移动速度相等）。对于在对滚中的刀具与轮坯的各个对应位置，依次用铅笔在纸上描绘出刀具的刀刃廓线，每次所描下的刀刃廓线相当于齿坯在该位置被刀刃所切去的部分。这样，我们就能清楚地观察到刀刃廓线逐渐包络出待加工齿轮的渐开线齿廓，进而形成轮齿的切削加工全过程。

【实验要求】

1. 课前要求

（1）复习范成法加工齿轮的原理、渐开线齿轮的根切及变位齿轮的有关内容。

（2）根据齿轮参数计算齿轮的下列尺寸。

标准齿轮：r、r_b、r_f、r_a、s。

变位齿轮：x（取 $x=x_{min}$）、r、r_b、r_f、r_a、s。

（3）准备好铅笔或圆珠笔、圆规、三角板等用具。

（4）实验前，做好预习报告。

2. 实验课上要求

（1）了解齿轮范成仪的原理、结构及安装。根据选择所要加工齿轮的参数安装好齿轮范成仪。

（2）根据变位齿轮的齿顶圆大小剪好直径为 d_a 的齿轮轮坯，然后在其中心剪出直径为 28 mm 的圆孔。

（3）在绘图纸上画出中心线、分度圆、基圆及齿顶圆和齿根圆。

（4）将纸质轮坯安装到范成仪的圆盘上，必须注意对准中心。

（5）调节刀具位置，使刀具中线与被加工齿轮分度圆相切，此时切制的齿轮是标准齿轮。切制变位齿轮时，应重新调整刀具位置。

（6）切制齿廓时，先把刀具移向一端，当刀具向另一端移动 2 mm 左右时，描下刀刃在纸制轮坯上的位置，直到形成 2～3 个完整的齿形为止。切制齿廓的同时应注意齿廓的形成过程，观察根切现象。

【实验报告】

（1）在画好的图上标注出 s、e，并测量出各个量的大小（圆弧长度可分为若干小段圆弧，然后近似地用其所对应的弦长代替）填入实验报告；

（2）比较标准齿轮与变位齿轮的异同。

【渐开线齿轮范成仪工作原理】

实验所用渐开线齿轮范成仪如图 2.3.2 所示，工作台（图纸托盘 1）绕定轴转动，齿轮 2 带动有齿条的滑架 3 在水平底座 4 的水平导向条上水平移动；齿条刀具 5 通过螺钉 6 固定在滑架 3 上，松开螺钉 6 可使齿条刀具 5 作上下移动，实现刀具的变位运动。

当齿条刀具 5 的中线与被加工齿轮分度圆相切时，滑架 3 的齿条中线与刀具中线重合（齿条刀具 5 上的标尺刻度线与滑架 3 上的零刻度线对准）。推动滑架 3 时，工作台上的被加工齿轮分度圆与齿条刀具中线作纯滚动，这是切制标准齿轮的状态。改变刀具 5 的位置可使刀具中线与滑架 3 齿条中线分离，即齿条刀具 5 的中线远离或接近被加工齿轮分度圆，移动的距离 x_m 可由端部的标度尺上读出，从而可切制变位齿轮。

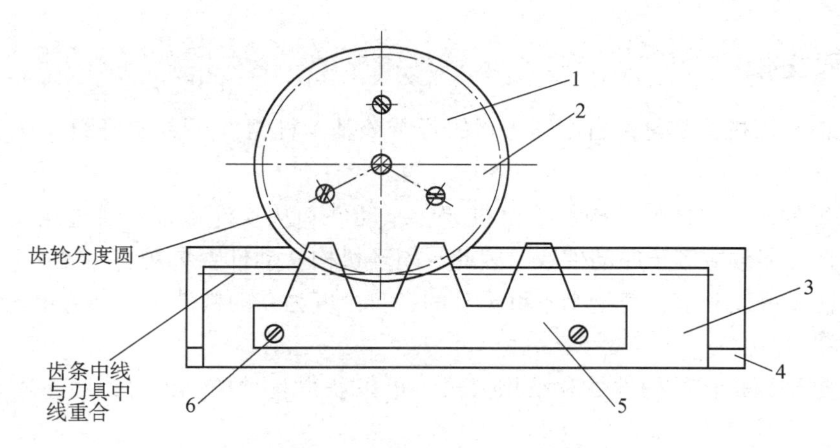

1—图纸托盘；2—齿轮；3—滑架；4—水平底座；5—齿条刀具；6—螺钉。

图 2.3.2　渐开线齿轮范成仪

【分析与思考】

（1）当用范成法加工渐开线齿轮时，什么情况下会发生根切？若要避免根切可采取什么措施？

（2）在什么情况下，渐开线齿轮的齿高不能保持标准全齿高，需要略作削减？

（3）产生根切现象的原因是什么？如何避免根切现象产生？

（4）齿廓曲线是否全是渐开线？

（5）变位后齿轮的哪些尺寸不变？轮齿尺寸将发生什么变化？

2.4　机构运动创新设计实验

【实验目的】

（1）加深学生对平面机构的结构和组成原理的认知，以及对平面机构组成及运动特点的了解；

（2）培养学生的机构综合设计能力、创新能力和实践动手能力；

（3）通过机构的拼接，培养学生工程实践动手能力，同时引出一些基本机构及机械设计中的典型问题。通过解决问题，学生可以对运动方案设计中的一些基本知识点融会贯通，对机构系统的运动特性有一个更全面更深入的理解。

【实验仪器及设备】

（1）机构运动创新设计方案实验台；

（2）组装和拆卸工具：一字起子、十字起子、固定扳手、内六角扳手、钢板尺、卷尺；

（3）笔和纸。

【实验原理】

（1）任何平面机构都是由自由度为0的若干个基本杆组（阿苏尔杆组）依次连接到原动件和机架上而构成的。

（2）杆组的概念：任何机构都是由机架、原动件和从动件系统，通过运动副连接而成的。机构的自由度数应等于原动件数，因此封闭环机构从动件系统的自由度必等于0。而从动件系统往往又可以分解为若干个不可再分的、自由度为0的构件组，称为组成机构的基本杆组，简称杆组。

（3）根据平面机构的构件数和结构公式，可以获得各种类型的杆组。基本杆组应满足的条件为

$$F = 3n - 2P_{\mathrm{L}} - P_{\mathrm{H}} = 0 \tag{2.4.1}$$

（4）正确拼装运动副及机构运动方案。

根据拟定或由实验中获得的机构运动学尺寸，利用机构运动创新设计方案实验台提供的零件按机构运动的传递顺序进行拼接。拼接时，首先要分清机构中各构件所占据的运动平面，以避免各运动构件发生运动干涉。然后，以实验台机架铅垂面为拼接的起始参考面，按预定拼接计划进行拼接，拼接时应注意各构件的运动平面是否是平行的。由于所拼接的外伸运动层面数越少，机构运动越平稳，因此建议机构中各构件的运动层面以交错层的排列方式进行拼接。

【实验步骤】

（1）掌握平面机构组成原理；

（2）熟悉本实验使用的实验设备，了解各零、部件功用和安装、拆卸工具；

（3）自拟平面机构运动方案，形成拼接实验内容；

（4）将自拟的平面机构运动方案正确拆分成基本杆组；

（5）正确拼接各基本杆组；

（6）将基本杆组按运动传递规律顺序连接到原动件和机架上。

【实验内容】

（1）本实验可由学生构思平面机构运动简图并完成方案的拼接，达到开发学生创造性思维的目的。

（2）实验也可选用实际机械中应用的各种平面机构，根据机构运动简图，进行拼接。

（3）实验台提供的配件可完成不少于40种机构运动方案的拼接实验。实验时每3～4名学生一组，完成不少于每人1种的不同机构运动方案的拼接设计实验。

【实验记录与数据处理】

实验数据记录在表2.4.1中。

表 2.4.1　机构运动创新设计实验记录

<table>
<tr><td colspan="2">机构名称</td><td colspan="5"></td></tr>
<tr><td rowspan="2">机构运动简图</td><td colspan="6"></td></tr>
<tr><td colspan="3">比例尺 $i=$</td><td colspan="3">自由度计算 $F=$</td></tr>
<tr><td rowspan="2">基本杆组拆分简图</td><td colspan="6"></td></tr>
<tr><td>Ⅱ级杆组数</td><td></td><td>Ⅲ级杆组数</td><td></td><td>机构级别</td><td></td></tr>
</table>

第3章 机械设计实验

3.1 螺栓连接静、动态测试分析实验

【实验目的】

（1）了解螺栓连接在拧紧过程中各部分的受力情况；

（2）验证受轴向工作载荷时，预紧螺栓连接的变形规律及对螺栓总拉力的影响；

（3）通过螺栓的动载实验，改变螺栓连接的相对刚度，观察螺栓动应力幅值的变化，以验证提高螺栓连接强度的各项措施。

【实验仪器与设备】

螺栓连接综合实验台，静动态测量仪，计算机及专用软件等实验设备及仪器。

【实验原理】

螺栓连接综合实验台的结构如图 3. 1. 1 所示。

（1）螺栓部分由 M16 空心螺栓、大螺母、组合垫片和 M8 小螺杆组成。空心螺栓贴有测拉力和扭矩的两组应变片，分别测量螺栓在拧紧时，所受预紧拉力和扭矩。空心螺栓的内孔中装有 M8 小螺杆，拧紧或松开其上的手柄杆，即可改变空心螺栓的实际受载截面积，以达到改变连接件刚度的目的。组合垫片设计成刚性和弹性两用的结构，用以改变被连接件系统的刚度。

（2）被连接件部分由上板、下板和八角环、锥塞组成。八角环上贴有一组应变片，测量被连接件受力的大小，中部有锥形孔，插入或拨出锥塞即可改变八角环的受力，以改变被连接件系统的刚度。

（3）加载部分由蜗杆、蜗轮、挺杆和弹簧组成。挺杆上贴有应变片，用以测量所加工作载荷的大小。蜗杆一端与电动机相连，另一端装有手轮，起动电动机或转动手轮使挺杆上升或下降，以达到加载、卸载（改变工作载荷）的目的。

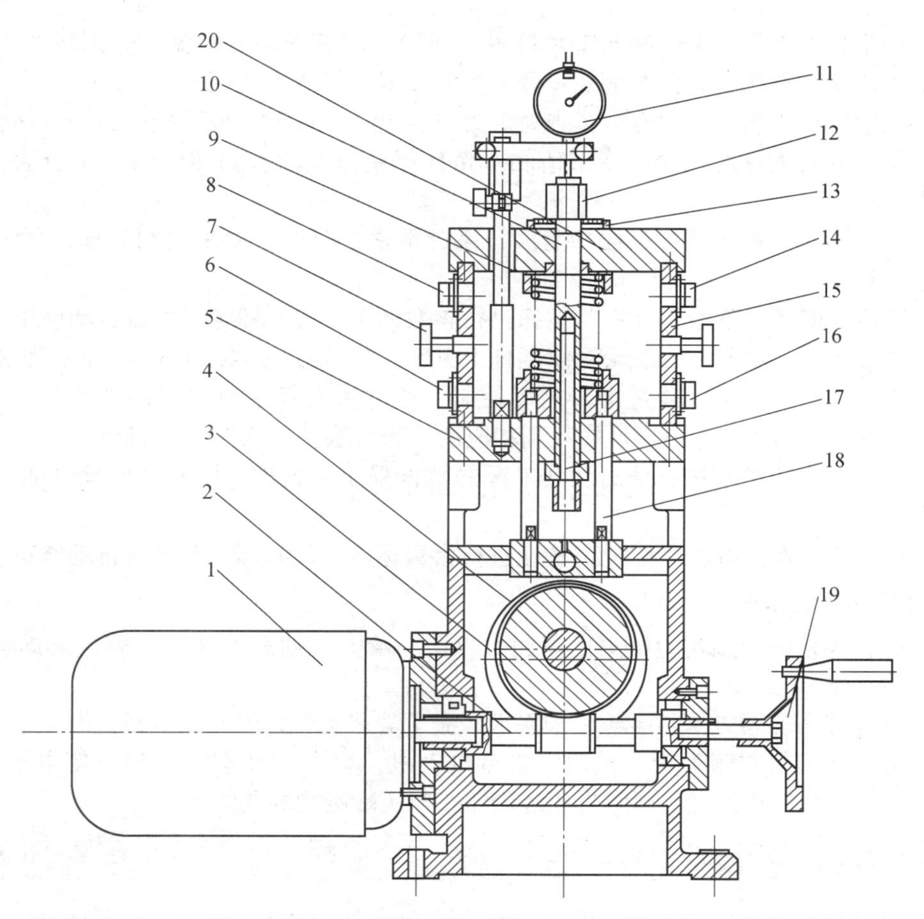

1—电动机；2—蜗杆；3—凸轮；4—蜗轮；5—下板；6—扭力插座；7—锥塞；8—拉力插座；9—弹簧；10—空心螺杆；11—千分表；12—螺母；13——组合垫片（一面刚性一面弹性）14—八角环压力插座；15—八角环；16—挺杆压力插座；17—M8 螺杆；18—挺杆；19—手轮；20—上板。

图 3.1.1　螺栓连接综合实验台的结构

【实验方法及步骤】

1. 螺栓连接静态实验方法与步骤

（1）将静动态测量仪配套的 4 根信号数据线的插头端连接到实验台各测点插座，各测点的布置为：电动机侧八角环的上方为螺栓拉力，下方为螺栓扭矩；手轮侧八角环的上方为八角环压力，下方为挺杆压力。

（2）打开测量仪电源开关，启动计算机，进入软件封面，单击“静态螺栓实验”，进入静态螺栓实验主界面。

（3）进入静态螺栓主界面后，单击“实验项目选择”菜单，选择“空心螺杆”项（默认值）。

（4）转动实验台手轮，挺杆下降，使弹簧下座接触下板面，卸掉弹簧施加给空心螺栓的轴向载荷。将用以测量被连接件与连接件（螺栓）变形量的两块千分表分别安装在表架上，使表的测杆触头分别与上板面和螺栓顶端面有少许（0.5 mm）接触。

（5）用手将大螺母拧至恰好与垫片接触，螺栓不应有松动的感觉，分别将两千分表调零。单击“校零”按钮，软件对上一步骤采集的数据进行清零处理。

（6）用扭矩扳手预紧被试螺栓，当力矩为 30～40 N · m 时，取下扳手，完成螺栓预紧。

（7）将千分表测量的螺栓拉变形值和八角环压变形值输入到相应的“千分表值输入”文本框中。

①单击“预紧”按钮进行螺栓预紧后，完成预紧工况的数据采集和处理，同时生成预紧时的理论曲线。

②如果预紧正确，单击“标定”按钮进行参数标定，此时标定系数被自动修正。

③逆时针旋转实验台上的手轮，使挺杆上升至一定高度（≤15 mm），压缩弹簧对空心螺栓轴向加载，力的大小可通过上升高度控制，通过塞入直径为 15 mm 的测量棒来确定。然后，将千分表测到的变形值再次输入到相应的“千分表值输入”文本框中。

④单击“加载”按钮进行轴向加载工况的数据采集和处理，同时生成理论曲线与实际测量的曲线。

⑤如果加载正确，单击“标定”按钮进行参数标定，此时标定系数被自动修正。

2. 螺栓连接动态实验

（1）螺栓连接的静态实验结束后返回主界面，单击“动态螺栓”实验进入动态螺栓实验界面。

（2）重复静态实验方法与步骤。如果已经做了静态实验，则此处不必重做。

（3）取下实验台右侧手轮，起动实验台电动机，单击“动态”按钮，使电动机运转，进行动态工况的采集和处理，同时生成理论曲线与实际测量的曲线。

【注意事项】

（1）电动机的接线必须正确，电动机的旋转方向为逆时针（面向手轮正面）；

（2）进行动态实验，起动电动机前必须卸下手轮，避免电动机转动时发生安全事故，并可减少实验台的振动和噪声。

3.2 带传动效率测试分析实验

【实验目的】

（1）观察带传动中的弹性滑动和打滑现象，以及它们与带传递载荷之间的关系；

（2）测定并绘制带传动的弹性滑动曲线和效率曲线，了解带传动所传递载荷与弹性滑差率及传动效率之间的关系。

【实验设备】

带传动实验台。

【实验原理】

（1）实验带装在主动带轮和从动带轮上。

(2) 砝码及砝码架通过尼龙绳与移动底板相连，用于张紧实验带。增加或减少砝码，即可增大或减少实验带的初拉力。

(3) 发电机的输出电路中并联有8个40 W的灯泡，组成实验台加载系统。

(4) 主动带轮的驱动转矩 T_1 和从动带轮的负载转矩 T_2 均是通过电动机外壳的反力矩来测定的。主、从动带轮转矩可直接在面板上的数码管窗口读取，并可传到计算机中进行计算分析。带传动实验分析界面窗口直接显示主、从动带轮上的转矩值。

主动带轮上的转矩

$$T_1 = Q_1 K_1 L_1$$

从动带轮上的转矩

$$T_2 = Q_2 K_2 L_2$$

式中：Q_1、Q_2——电动机转矩（面板窗口显示读取）；

K_1、K_2——转矩测杆刚度系数（本实验台 $K_1 = K_2 = 0.24$）；

L_1、L_2——力臂长度，即电机转子中心至力传感器轴心距离（本实验台 $L_1 = L_2 = 120$ mm）。

(5) 弹性滑动率 ε。

主、从动带轮转速 n_1、n_2 可从实验台面板窗口或带传动实验分析界面窗口直接读出。由于带传动存在弹性滑动，使 $v_2 < v_1$，因此其速度降低程度用滑差率 ε 表示，即

$$\varepsilon = \frac{v_1 - v_2}{v_1}\% = \frac{d_1 n_1 - d_2 n_2}{d_1 n_1}\%$$

当 $d_1 = d_2$ 时，则有

$$\varepsilon = \frac{n_1 - n_2}{n_1}\%$$

式中：d_1、d_2——主、从动带轮基准直径；

v_1、v_2——主、从动带轮的圆周速度；

n_1、n_2——主、从动带轮的转速。

(6) 带传动的效率。

带传动的效率为

$$\eta = \frac{p_2}{p_1} = \frac{T_2 n_2}{T_1 n_1}\%$$

式中：p_1、p_2——主、从动带轮上的功率；

T_1、T_2——主、从动带轮上的转矩；

n_1、n_2——主、从动带轮的转速。

(7) 带传动的弹性滑动曲线和效率曲线。

改变带传动的负载，其 T_1、T_2、n_1、n_2 也都在改变，这样就可算得一系列的 ε、η 值以 T_2 为横坐标，分别以 ε、η 为纵坐标，可绘制出弹性滑动曲线和效率曲线，如图3.2.1所示。

图3.2.1中，横坐标上 A_0 点为临界点，A_0 点以左为弹性滑动区，即带传动的正常工作区段，在该区域内，随着载荷的增加，弹性滑差率 ε 和效率 η 逐渐增加；当载荷继续增加到超过临界点 A_0 时，弹性滑差率 ε 急剧上升，效率 η 急剧下降，带传动进入打滑区段，不能正常工作，应当避免。

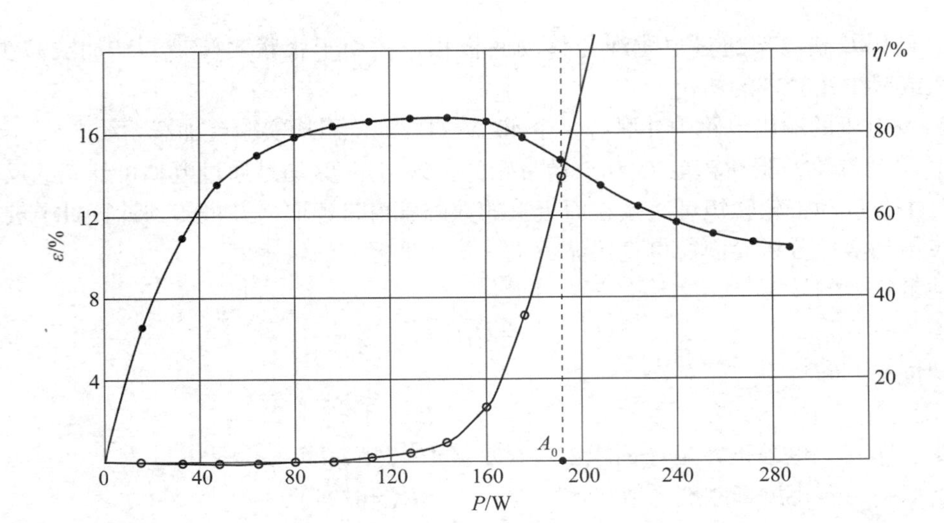

图 3.2.1　带传动弹性滑动曲线和效率曲线

【实验步骤】

（1）打开计算机，单击“带传动”按钮，进入带传动界面。再次单击，进入带传动实验说明界面。单击“实验”按钮，进入带传动实验分析界面。

（2）在实验台带轮上安装实验平带；接通实验台电源，电源指示灯亮；调整测力杆，使其处于平衡状态；加砝码 3 kg，使带具预紧力。

（3）按顺时针方向慢慢地旋转电动机转速调节旋钮，使电动机转速逐渐增加到 $n_1 =$ 1 000 r/min 左右，待带传动运动平稳后（需数分钟），记录带轮转速 n_1、n_2 和电动机转矩 Q_1、Q_2 一组数据。

（4）在带传动实验分析下方单击“运动模拟”按钮；再单击“加载”按钮，每间隔 5～10 s，逐个打开灯泡（即加载），单击“稳定测试”按钮，逐组记录数据 n_1、n_2 及 Q_1、Q_2，注意 n_1 与 n_2 间的差值，分别在实验台及实验分析界面的运动模拟窗口观察带传动的弹性滑动现象。

（5）再单击“加载”按钮，继续增加负载，直到 $\varepsilon \geqslant 3\%$ 左右，带传动进入打滑区，若再继续增加负载，则 n_1 与 n_2 之差迅速增大，带传动出现明显打滑现象。同时，分别在实验台及实验分析界面的运动模拟窗口观察带传动的打滑现象。

（6）如果实验效果不理想，可单击“重做实验”按钮，即可从第（4）步起重做实验。

（7）单击“实测曲线”按钮，显示绘制的带传动滑动曲线和效率曲线。

（8）切断实验台电源，在实验分析界面上单击“退出系统”按钮，返回 Windows 界面。

（9）整理实验数据，手工绘制带传动弹性滑动曲线和效率曲线。

【注意事项】

（1）在接通实验台电源之前，将面板上转速调节旋钮逆时针旋到止位，以避免电动机突然高速运动产生冲击损坏传感器；卸去发电机所有的负载。

（2）实验时，先将电动机转速逐渐调至 1 000 r/min，稳定运转数分钟，使带的传动性能稳定。

(3) 采集数据时，一定要等转速窗口数据稳定后进行，2次采集间隔5~10 s。

(4) 当带加载至打滑时，运转时间不能过长，以防带过度磨损。

(5) 若出现平带飞出的情况，可将带调头后装上带轮，再进行实验。若带调头后仍出现飞出情况，则需将电机支座固定螺钉拧松，将两电动机的轴线调整平行后再拧紧螺钉，装带实验。

【分析与思考】

(1) 带传动的弹性滑动和打滑有何不同？产生的原因是什么？

(2) 带传动为什么会发生打滑？

(3) 针对带传动的打滑，可采用哪些技术措施予以改进？

3.3 滚动轴承性能测试分析实验

【实验目的】

(1) 了解和掌握滚动轴承径向载荷分布及变化实验，测试在总径向载荷和轴向载荷作用下，滚动轴承径向载荷分布及变化情况，特别是轴向载荷对滚动轴承径向载荷分布的影响，并作出载荷分布曲线；

(2) 了解和掌握滚动轴承元件上载荷动态分析实验，测试滚动轴承元件上的载荷随时间的变化情况，并作出变化曲线；

(3) 了解和掌握滚动轴承组合设计实验，测试滚动轴承组内部轴向载荷、径向载荷和总轴向载荷的关系，并进行滚动轴承组合设计计算。

【实验仪器与设备】

1. 实验台系统框图

实验台系统框图如图3.3.1所示。

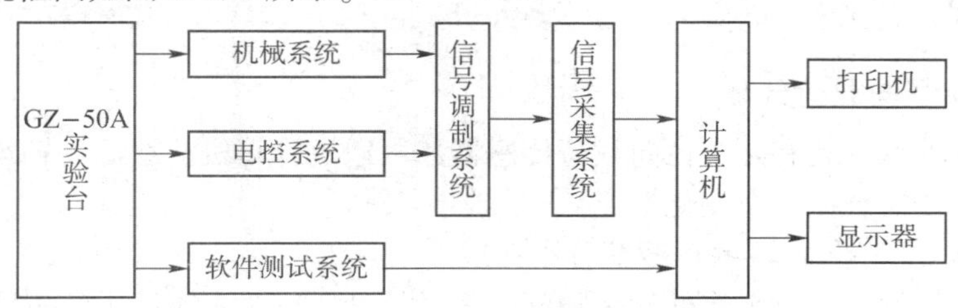

图3.3.1 实验台系统框图

2. 实验台机械结构

实验台机械结构如图3.3.2所示。

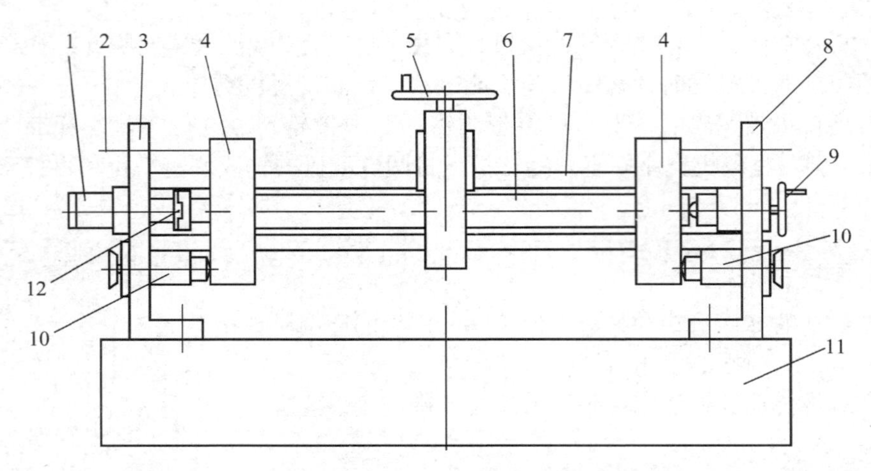

1—电动机；2—限位顶杆；3—左支座；4—左、右传感器座；5—径向加载装置；6—主轴；7—导杆；8—右支座；9—轴向加载装置；10—左、右轴向载荷装置；11—机座；12—联轴器。

图 3.3.2 试验台机械结构

3. 实验台工作过程

起动电动机 1（静态测试时不起动电机），径向加载装置 5 调节至设定作用点且逐步加载，左、右传感器座 4 中的滚动轴承处于工作状态。施加于主轴 6 上的径向载荷传输至滚动轴承的滚动体，滚动体所受之力，通过传感活塞传输给传感器座 4 中的径向载荷传感器，经控制器到计算机，通过计算机显示器显示各种受力状态的技术性能数据、曲线和图表；同时，左、右轴向载荷传感器 10 测量出由径向载荷产生的内部轴向载荷技术参数。移动径向加载装置 5，改变径向载荷作用点，左、右传感器座 4 中的滚动轴承受力状态将随之改变，由此可测试出各种不同工况下的技术参数、曲线和图表。

当轴向加载装置 9 加载时，左传感器座 4 中的径向载荷传感器测量出由轴向加载时产生的径向分力信号，左、右轴向载荷传感器 10 测量出滚动轴承所受轴向载荷和总轴向载荷的技术数据。

根据所测各种技术参数、曲线和图形，可分析出滚动轴承最佳受力状态，从而设计出滚动轴承最佳受力工况和结构。

【实验原理】

1. 滚动轴承径向载荷分布

左、右滚动轴承各装有 8 个径向载荷传感器，可通过计算机测绘滚动轴承在轴向、径向载荷作用下轴承径向载荷分布变化情况。

1）深沟球轴承（向心轴承）载荷分布曲线

以向心轴承为例。轴承工作的某一瞬间，滚动体处于图 3.3.3 所示的位置，径向载荷 F_r 通过轴径作用于内圈，位于上半圈的滚动体不会受力，而由下半圈的滚动体将此载荷传到外圈上。如果假定内、外圈的几何形状并不改变，则由于它们与滚动体接触处共同产生局部接触变形，内圈将下沉一个距离。设在载荷 F_r 作用线上的接触变形量为 δ_0，按变形协调关系，不在载荷 F_r 作用线上其他各点的径向变形量为：$\delta_i=\delta_0\cos(i\gamma)$，$i=1, 2, \cdots, L$。也就是说，真实的变形量的分布是中间最大，向两边逐渐减小。可以进一步判断，接触载荷也是处于 F_r 作用线上的接触点处最大，向两边逐渐减小。各滚动体从开始受力到受力终止所对应的区域叫作承载区。

根据力的平衡原理，所有滚动体作用在内圈上的反力 F_{Ni} 的合力必定等于径向载荷 F_r。

实际上由于轴承内存在游隙，故由径向载荷 F_r 产生的承载范围将小于 180°。也就是说，不是下半部滚动体全部受载。这时，如果同时作用有一定的轴向载荷，可以使承载区扩大。

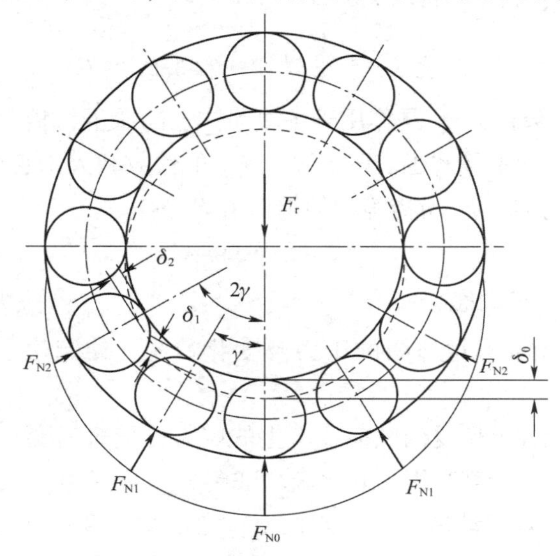

图 3. 3. 3　滚动轴承受力分析

2）轴向载荷对载荷分布的影响

角接触球轴承或圆锥滚子轴承（现以圆锥滚子轴承为例）承受径向载荷 F_r 时，由于滚动体与滚道的接触线与轴承轴线之间夹一个接触角，因而各滚动体的反力并不指向半径方向，它可以分解为一个径向分力和一个轴向分力，如图 3. 3. 4 所示。用来代表某一个滚动体反力的径向分力为 F_{Ni}，如图 3. 3. 4（b）所示，则相应的轴向分力应等于 F_{di}。所有径向分力 F_{Ni} 的合力与径向载荷 F_r 相平衡；所有的轴向分力 F_{di} 之和组成轴承的内部轴向力（派生轴向力）F_d，它迫使轴颈（连同轴承内圈和滚动体）有向右移动的趋势，这应由轴向力 F_a 来与之平衡，如图 3. 3. 4（a）所示。

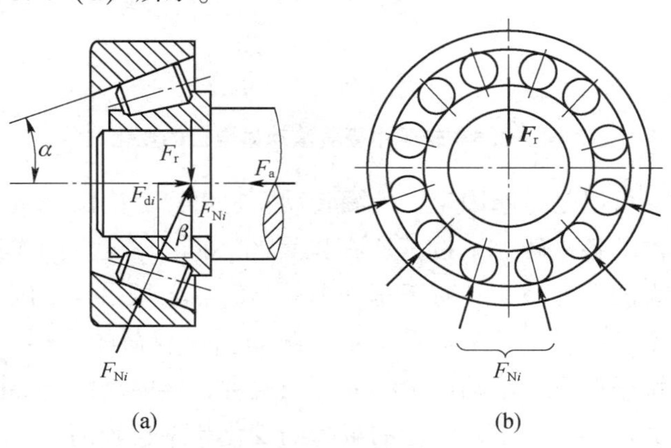

图 3. 3. 4　圆锥滚子轴承的受力

（a）径向分力和轴向分力；（b）径向载荷平衡

当只有最下面一个滚动体受载时，有

$$F_a = F_d = F_r \tan \alpha$$

受载的滚动体数目增多时，如图 3.3.5 所示，虽然在同样的径向载荷 F_r 的作用下，但内部轴向力（派生的轴向力）F_d 将增大，即

$$F_d = \sum_{i=1}^{n} F_{di} = \sum_{i=1}^{n} F_{Ni} \tan\alpha > F_r \tan \alpha$$

式中：n 为受载的滚动体数目；F_{di} 是作用于各滚动体上的派生的轴向力；F_{Ni} 是作用于各滚动体上的径向分力；尾部的不等式也表明了 n 个 F_{Ni} 的代数和大于它们的向量和。这时，平衡内部轴向力（派生轴向力）F_d 所需施加的轴向力 F_a 为

$$F_a = F_d > F_r \tan \alpha$$

2. 滚动轴承元件上载荷动态分析

通过计算机直接测量滚子对外圈的压力及变化情况，绘制滚动体内、外圈载荷变化曲线。

轴承工作时，各个元件上所受的载荷及产生的应力是随时间变化的。根据上面的分析，当滚动体进入承载区后，所受载荷即由 0 逐渐增加到 F_{N2}、F_{N1} 直到最大值 F_{N0}，然后再逐渐降低至 F_{N1}，F_{N2} 直至 0。就滚动体上某一点而言，它的载荷及应力是周期性地不稳定变化的，如图 3.3.6（a）所示。

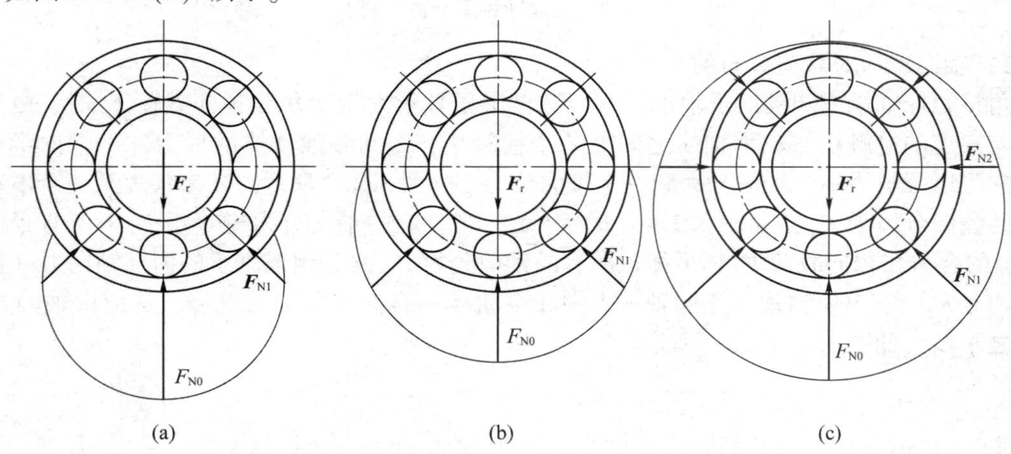

图 3.3.5　轴承中受载滚动体数目的变化

滚动轴承工作时，可以是外圈固定、内圈转动，也可以是内圈固定、外圈转动。对于固定套圈，处在承载区内的各接触点，按其所在位置的不同，将受到不同的载荷。处于 F_r 作用线上的点将受到最大的接触载荷。对于每一个具体的点，每当一个滚动体滚过时，便承受一次载荷，其大小是不变的，也就是承受稳定的脉动循环载荷的作用，如图 3.3.6（b）所示。载荷变动的频率快慢取决于滚动体中心的圆周速度，当内圈固定外圈转动时，滚动体中心的运动速度较大，故作用在固定套圈上的载荷的变化频率也较高。

转动套圈上各点的受载情况，类似于滚动体的受载情况，可用图 3.3.6（a）所示的曲线描述。

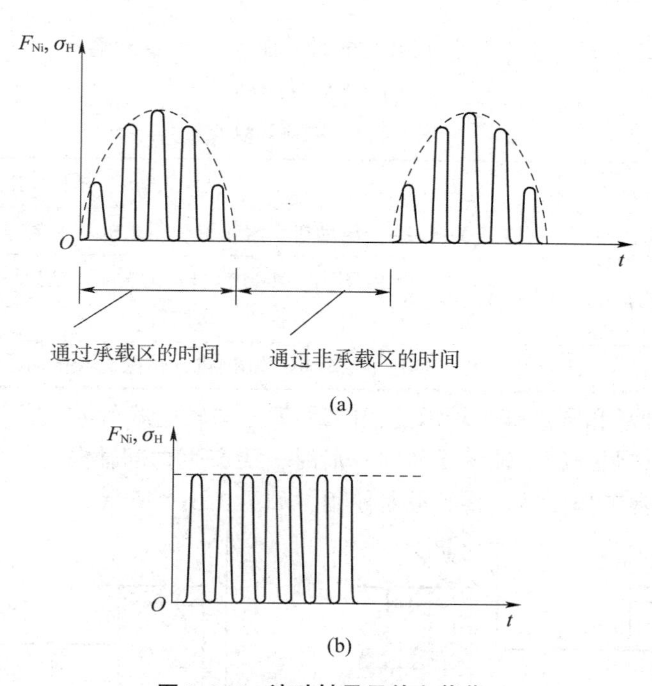

图 3. 3. 6　滚动轴承元件上载荷

（a）滚动体上某一点的载荷；（b）固定套圈上某一点的载荷

3. 滚动轴承组合设计计算

左、右滚动轴承座可轴向移动，均装有轴向载荷传感器，可通过计算机测试并计算单个滚动轴承轴向载荷与总轴向载荷的关系，从而进行滚动轴承组合设计计算。

1）滚动轴承的当量动载荷

滚动轴承的基本额定动载荷是在一定的运转条件下确定的，如载荷条件为：向心轴承仅承受纯径向载荷 F_r，推力轴承仅承受纯轴向载荷 F_a。实际上，轴承在许多应用场合，常常同时承受径向载荷 F_r 和轴向载荷 F_a。因此，在进行轴承寿命计算时，必须把实际载荷转换为确定基本额定动载荷的载荷条件相一致的当量动载荷，用 P 表示。这个当量动载荷，对于以承受径向载荷为主的轴承，称为径向当量动载荷，用 P_r 表示；对于以承受轴向载荷为主的轴承，称为轴向当量动载荷，用 P_a 表示。当量动载荷 P（P_r 或 P_a）的一般计算公式为

$$P = XF_r + YF_a$$

式中：X、Y 分别为径向动载荷系数和轴向动载荷系数。

对于只能承受纯径向载荷 F_r 的轴承，有

$$P = F_r$$

对于只能承受纯轴向载荷 F_a 的轴承，有

$$P = F_a$$

按以上三式求得的当量动载荷仅为一理论值。实际上，在许多支承中还会出现一些附加载荷，如冲击力、不平衡作用力、惯性力以及轴挠曲或轴承座变形产生的附加力等，这些因素很难在理论上精确计算。为了考虑到这些影响，可对当量动载荷乘上一个根据经验而定的

载荷系数 f_p，其值参见表 3.3.1。故实际计算时，轴承的当量动载荷

$$P=f_p(XF_r+YF_a)$$

表 3.3.1　载荷系数 f_p

载荷性质	f_p	举例
无冲击或轻微冲击	1.0～1.2	电动机、汽轮机、通风机、水泵等
中等冲击或中等惯性力	1.2～1.8	车辆、动力机械、起重机、造纸机、冶金机械、选矿机、卷扬机、机床等
强大冲击	1.8～3.0	破碎机、轧钢机、钻探机、振动筛等

2）角接触球轴承和圆锥滚子轴承的径向载荷 F_r 与轴向载荷 F_a 的计算

角接触球轴承和圆锥滚子轴承受径向载荷时，要产生内部轴向力（派生的轴向力），为了保证这类轴承正常工作，通常将其成对使用，如图 3.3.7 所示。

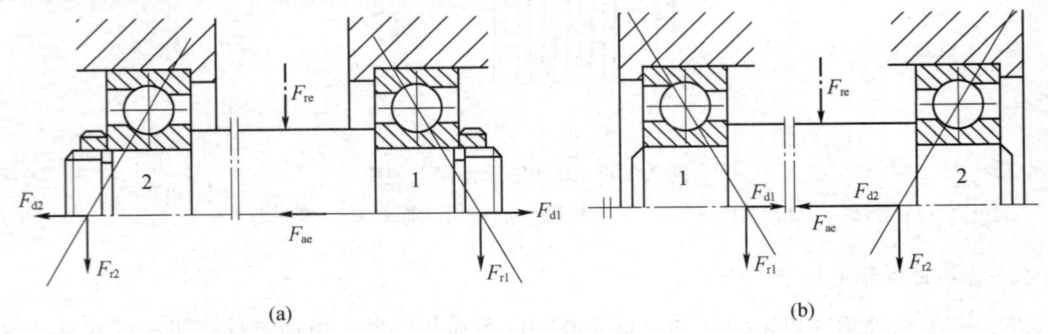

图 3.3.7　角接触球轴承和圆锥滚子轴承轴向的分析

（a）反装；（b）正装

在计算各轴承的当量动载荷 P 时，其中的径向载荷 F_r 即为由外界作用到轴上的径向力 F_{re} 在各轴承上产生的径向载荷；但其中的轴向载荷 F_a 并不完全由外界的轴向作用力 F_{ae} 产生，而是应该根据整个轴上的轴向载荷（包括因径向载荷 F_r 产生的派生轴向力 F_d）之间的平衡条件得出。

根据力的径向平衡条件，很容易由外界作用到轴上的径向力 F_{re} 计算出两个轴承上的径向载荷 F_{r1}、F_{r2}，当 F_{re} 的大小及作用位置固定时，径向载荷 F_{r1}、F_{r2} 也就确定了。由 F_{r1}、F_{r2} 派生的轴向力 F_{d1}、F_{d2} 的大小可按照表 3.3.2 中的公式计算。计算所得的 F_d 值，相当于正常的安装情况，即大致相当于有半数滚动体全部受载时的派生轴向力（轴承实际的工作情况不允许比这样更坏）。

表 3.3.2　约有半数滚动体接触时派生轴向力 F_d 的计算公式

圆锥滚子轴承	角接触球轴承		
	70 000C（α=15°）	70 000AC（α=25°）	70 000B（α=40°）
$F_d=F_r/(2Y)$	$F_d=eF_r$	$F_d=0.68F_r$	$F_d=1.14F_r$

如图 3.3.7 所示，把派生轴向力的方向与外加轴向载荷 F_{ae} 的方向一致的轴承标为 2，另一端标为轴承 1。取轴和与其相配合的轴承内圈为分离体，如达到轴向平衡时，应满足

$$F_{ae} + F_{d2} = F_{d1}$$

如果按表 3.3.2 中的公式求得的 F_{d1} 和 F_{d2} 不满足上面的关系式时，出现以下 2 种情况。

（1）当 $F_{ae} + F_{d2} > F_{d1}$ 时，则轴有向左窜动的趋势，相当于轴承 1 被“压紧”，轴承 2 被“放松”。但实际上轴必须处于平衡位置（即轴承座必然要通过轴承元件施加一个附加的轴向力来阻止轴的窜动），所以被“压紧”的轴承 1 所受的总轴向力 F_{a1} 必须与 $F_{ae} + F_{d2}$ 相平衡，即

$$F_{a1} = F_{ae} + F_{d2}$$

而被“放松”的轴承 2 只受其派生的轴向力 F_{d2}，即

$$F_{a2} = F_{d2}$$

（2）当 $F_{ae} + F_{d2} < F_{d1}$ 时，同前，被“放松”的轴承 1 只受其本身派生的轴向力 F_{d1}，即

$$F_{a1} = F_{d1}$$

而被“压紧”的轴承 2 所受的总轴向力为

$$F_{a2} = F_{d1} - F_{ae}$$

综上可知，计算角接触球轴承和圆锥滚子轴承所受轴向力的方法可以归结为：先通过派生轴向力及外加轴向载荷的计算与分析，判定被“放松”或被“压紧”的轴承；然后确定被“放松”轴承的轴向力仅为其本身派生的轴向力，被“压紧”轴承的轴向力则为除去本身派生的轴向力后其余各轴向力的代数和。

轴承反力的径向分力在轴心线上的作用点叫轴承的压力中心。图 3.3.7 所示的 2 种安装方式，对应 2 种不同的压力中心的位置。当两轴承支点间的距离不是很近时，常以轴承宽度中点作为支点反力的作用位置，这样计算起来比较方便，且误差也不大。

【实验方法和步骤】

（1）实验之前，细读使用说明书，检查径向分布传感器紧定螺栓是否松动；专用内六角扳手拧紧，以不松动为宜。

（2）检查电源插头、信号电缆插头是否牢固。按下控制面板上“电源”按钮，检查电压表是否有电显示；按下“信号”按钮计算机显示器中才能有传感信号数据显示。

（3）打开计算机，按照软件程序要求操作。将每路传感器施加适当的预紧力，确保各传感器受载状态正常。每做一项实验之前，必须“空载调零”；做完一项实验之后，必须及时卸载，避免传感器长时间受载而影响性能和使用寿命。

（4）测试静载荷径向分布模块时，轴承滚珠之一必须对准下方的准线，才能测试出正确的分布规律和分布曲线。计算机中显示的数据不正确，即是未对准，按“点动”按钮或用手辅助旋转主轴重新操作至对准为止。

（5）打开实验软件主界面，如图 3.3.8 所示。单击空载调零选定测试对象，将径向加载装置调至设定位置，并逐渐加载。测试静态加载时，总径向载荷最大加至 1 000（10 N）。

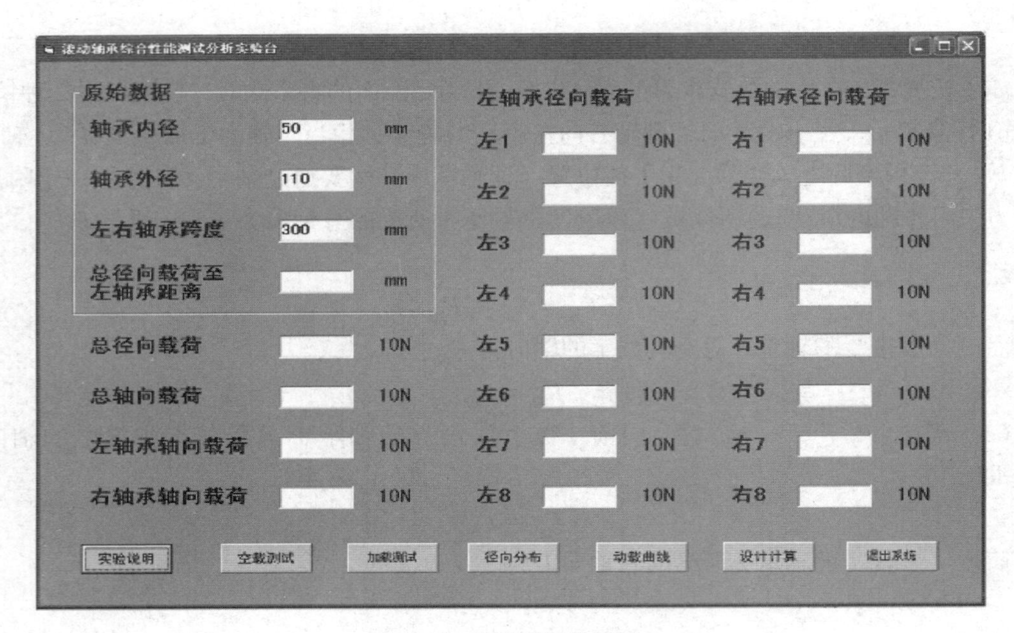

图 3.3.8　实验软件界面

（6）单击“径向分布”再单击“无轴向载荷径向分布”，然后加轴向载荷，一般设置为 500（10 N）左右，最后单击“有轴向载荷径向分布”，如图 3.3.9 所示。

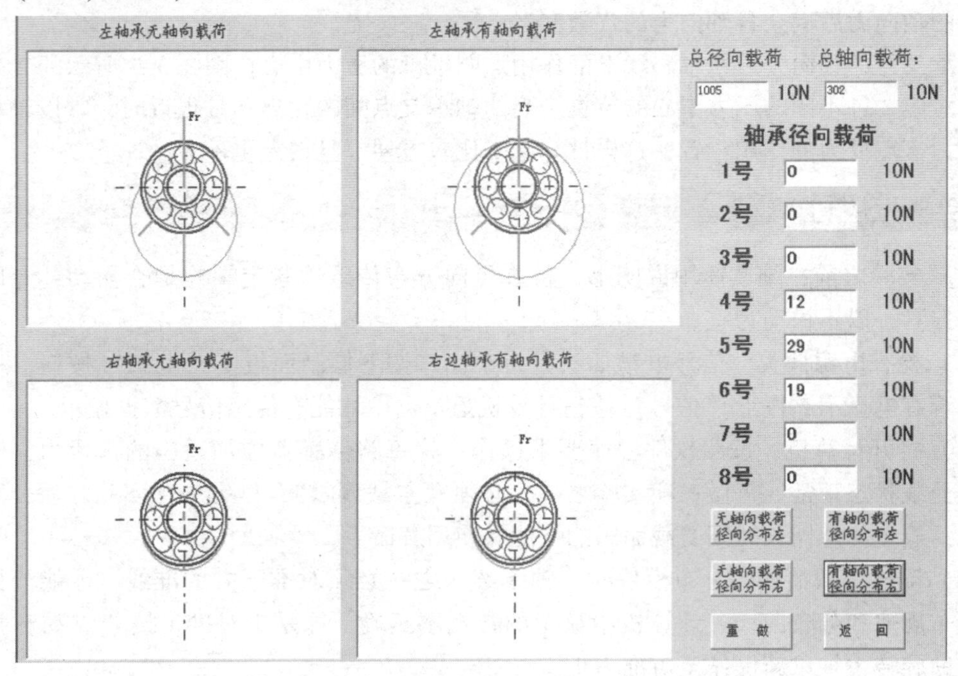

图 3.3.9　载荷设置

（7）测试动载荷动态曲线．起动电动机，将径载装置调至设定位置，逐渐加载至 500（10 N）左右为宜，且不能同时施加轴向载荷。单击“外圈载荷变化曲线”，当出现动载荷最大值时，再单击“滚动体载荷变化曲线”，如图 3.3.10 所示。

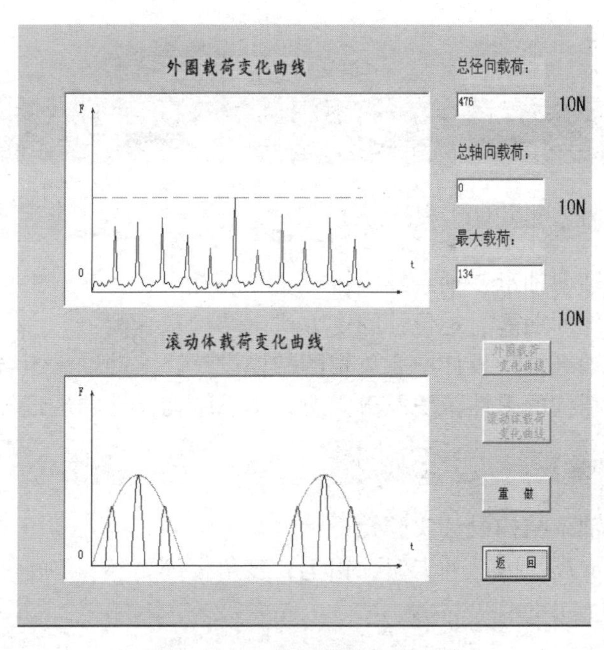

图 3.3.10　外圈载荷变化曲线

(8) 测试轴承组合设计计算模块时，总径向载荷加至500（10 N）左右为宜，且不要对准底部准线；在施加总轴向载荷之前，先要空载保存由总径向载荷派生的内部轴向载荷数据；总轴向载荷加至400（10 N）左右为宜，且不能作动态运行。

(9) 单击“理论计算”进入滚动轴承设计计算界面，将径向加载装置调至设定位置，逐渐加载。单击“结果保存”再施加轴向载荷，单击“实测计算”，同时单击“理论计算”进行对比分析，如图3.3.11所示。

图 3.3.11　滚动轴承计算界面

(10) 实验结束，退出软件界面，关机。

3.4 轴系结构设计实验

【实验目的】

（1）了解并掌握轴、轴承、轴系结构；

（2）了解轴上零件的功能、定位、固定方式、结构及装配；

（3）熟悉并掌握轴系结构设计中有关轴的结构设计、滚动轴承组合设计的基本方法；

（4）建立对轴系结构的感性认识及巩固所学轴系结构设计的理论知识。

【实验仪器与设备】

（1）创意组合式轴系结构设计实验箱；

（2）钢尺，游标卡尺，内、外卡钳，铅笔，三角板等。

【实验内容】

设计圆柱齿轮、圆锥齿轮和蜗杆轴系的结构。

1. 每组自行选择实验内容

轴系结构设计实验内容如表 3.4.1 所示。

表 3.4.1　轴系结构设计实验内容

实验题号	已知条件				
	齿轮类型	载荷	转速	其他条件	示意图
1	小直齿轮	轻	低		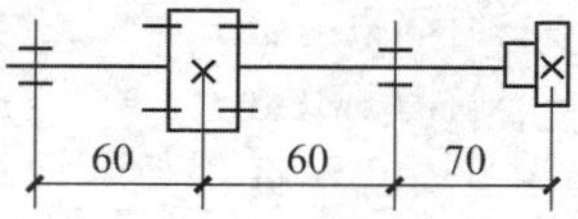 60 60 70
2		中	高		
3	大直齿轮	中	低		
4		重	中		
5	小斜齿轮	轻	中		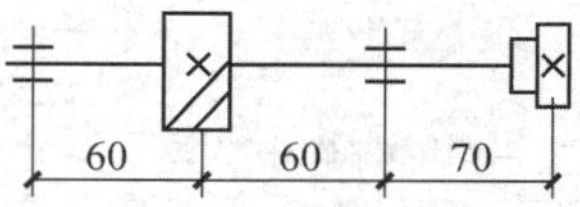 60 60 70
6		中	高		
7	大斜齿轮	中	中		
8		重	低		
9	小锥齿轮	轻	低	锥齿轮轴	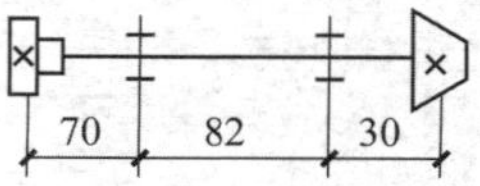 70 82 30
10		中	高	锥齿轮与轴分开	
11	蜗杆	轻	低	发热量小	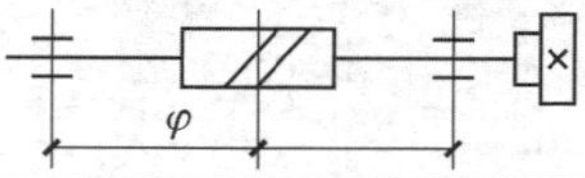 φ
12		重	中	发热量大	

2. 进行轴的结构设计与滚动轴承组合设计

根据实验题号的要求，进行轴系结构设计，解决轴承类型选择、轴上零件定位固定、轴承安装与调节等问题。

3. 绘制轴系结构装配图

根据实验题号要求，绘制轴系结构装配图。

【实验步骤】

(1) 明确实验内容，理解设计要求。

(2) 复习有关轴的结构设计与轴承组合设计的内容与方法。

(3) 构思轴系结构方案：

①根据齿轮类型选择滚动轴承型号；

②确定支承轴固定方式（两端固定或一端固定、一端游动）；

③根据齿轮圆周速度（高、中、低）确定轴承润滑方式（脂润滑、油润滑）；

④选择端盖形式（凸缘式、嵌入式）并考虑透盖处密封方式（毡圈、皮碗、油沟）；

⑤考虑轴上零件的定位与固定、轴承间隙调整等问题。

(4) 组装轴系部件，根据轴系结构方案，从实验箱中选取合适零件并组装成轴系部件，检查所设计组装的轴系结构是否正确。

(5) 绘制轴系结构草图。

(6) 测量零件结构尺寸（支座不用测量），并作好记录。

(7) 将所有零件放入实验箱内的规定位置，交还所借工具。

(8) 根据结构草图及测量数据，绘制轴系结构装配图，要求装配关系表示正确，注明必要尺寸（如支承跨距、齿轮直径与宽度、主要配合尺寸）。

(9) 写出实验报告。

【实验数据及数据处理】

(1) 测绘零件结构尺寸。

(2) 绘制轴系结构装配图。

(3) 轴系结构设计说明：说明轴上零件的定位固定，滚动轴承的安装、调整、润滑与密封。

【分析与思考】

(1) 轴为什么要做成阶梯形状？哪些部分被称为轴颈、轴身或轴肩？它们的尺寸是根据什么来确定的？轴各段的过渡部位结构应注意什么？

(2) 轴上零件、轴承在轴上的轴向位置是如何固定的？轴系中是否采用了卡圈、挡圈、锁母、紧定螺钉、压板、定位套筒等零件？它们起何作用？结构形状有何特点？

3.5 轴系结构分析实验

【实验目的】

(1) 掌握轴系结构的测绘方法；

（2）了解轴系各零部件的结构形状、功能、工艺性能要求和尺寸装配关系；
（3）掌握轴系各零部件的安装、固定和调整方法；
（4）掌握轴系结构设计的方法和要求；
（5）培养学生的工程实践能力、动手能力和设计能力。

【实验设备】

（1）轴系实物或模型；
（2）测量用具：游标卡尺，内、外卡钳，钢尺等及装拆工具；
（3）学生自带用具：圆规、三角板、铅笔、橡皮和方格纸等。

【实验内容】

（1）圆柱齿轮轴系、小圆锥齿轮轴系或蜗杆分析；
（2）分析并测绘轴系部件。

【实验步骤】

（1）明确实验内容，复习轴的结构设计及轴承组合设计等内容；
（2）观察并分析轴承的结构特点；
（3）绘制轴系装配示意图或结构草图；
（4）测量轴系主要装配尺寸（如支承跨距）和零件主要结构尺寸（支座不用测量）；
（5）装配轴系部件恢复原状，整理工具；
（6）根据装配草图和测量数据，绘制轴系部件装配图。

【分析与思考】

（1）在设计轴系时，要使零件布置更加合理，应该要考虑哪些因素？
（2）轴上零件的拆装和调整应该遵循哪些原则？

第4章 互换性与技术测量实验

4.1 用内径百分表测量孔径

【实验目的】

(1) 了解内径百分表的结构及测量原理;

(2) 熟悉用内径百分表测量内径的方法。

【实验仪器与设备】

1. 测量仪器介绍

内径百分表是一种用比较法来测量中等精度孔径的仪表,尤其适用于测量深孔的直径。常用的国产内径百分表可以测量6~450 mm的内径,根据被测尺寸的大小可以选用相应范围的内径百分表,如:6~10 mm内径百分表;10~18 mm内径百分表;18~35 mm内径百分表;35~50 mm内径百分表;50~100 mm内径百分表;50~160 mm内径百分表;160~250 mm内径百分表;250~450 mm内径百分表。

例如,要测 $\phi30$ 的内径,就应选择18~35 mm的内径百分表。图4.1.1为内径百分表的外观图。

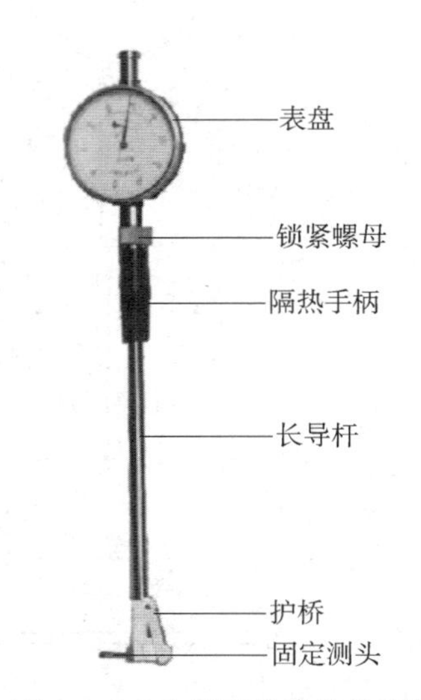

图4.1.1 内径百分表的外观图

2. 测量原理

内径百分表的结构图如图4.1.2所示,测量时,内径百分表头先压入被测孔中,活动测头1的微小位移通过杠杆按1∶1的比例传递给传动杆6,而百分表测头与传动杆6是始终接触的,因此活动测头移动0.01 mm,传动杆也移动0.01 mm,百分表指针转动1格。这样,测头移动量可直接在百分表上读取。定位桥10起找正径向直径位置的作用,它保证了活动测头1和可换测头2的轴线位于被测孔的直径位置中间。

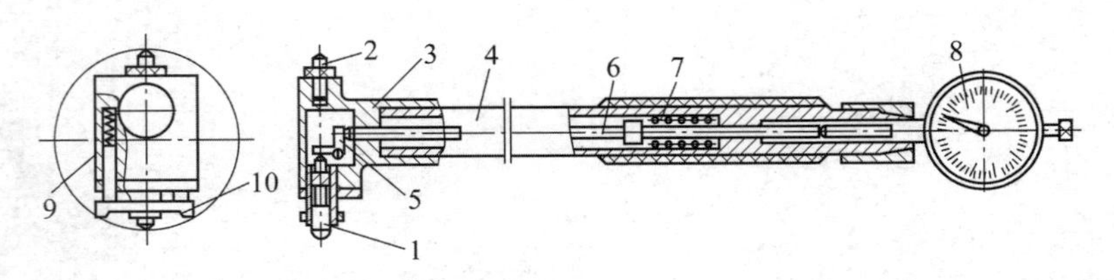

1—活动测头；2—可换测头；3—表体；4—直管；5—等臂直角杠杆；6—传动杆；
7—弹簧；8—百分表；9—弹簧；10—定位桥。

图 4.1.2　内径百分表结构图

【实验步骤】

（1）根据被测孔的基本尺寸，选择相应的固定量柱旋入量杆头部；将指示表与测杆安装在一起，使表盘与两测头连线平行，且表盘小指针压在 1 ~ 2 格之间，调整好后转动锁紧螺母至锁紧位置。

（2）按基本尺寸选择量块，擦净后组合于量块夹中夹紧，将百分表的活动测头先放入量块夹内，压活动测头将固定测头放入量块夹。按图 4.1.3 所示方法左右微微摆动百分表找到最小值点，转动百分表表盘使指针对准零点。

（3）在孔内按图 4.1.4 所示方法选Ⅰ、Ⅱ、Ⅲ共 3 个截面。在每个截面内侧互相垂直处置 AA' 与 BB' 2 个方向测量 2 个值，测量每个值时要按图 4.1.3 的方法找最小值点，读取该点相对于零点的值（相对零点顺时针方向偏转为正，逆时针方向偏转为负）。

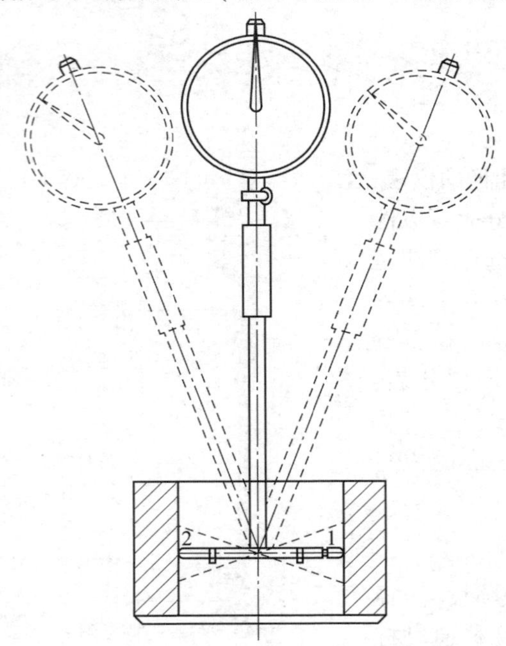

图 4.1.3　内径百分表的调整

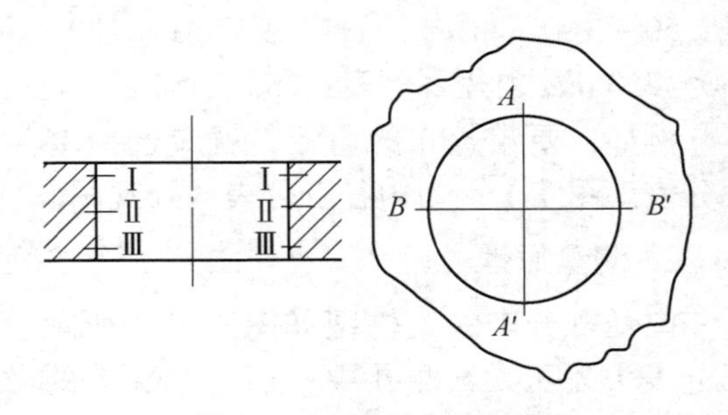

图 4.1.4　测量点分布图

（4）测量完 6 个数据后，把仪器放回量块夹中复检零位。

【注意事项】

（1）手持隔热手柄进行操作，不能接触导杆。

（2）将测头放入量块夹或内孔中时，用手按压定位板使活动测头靠压内壁先进入内表面，避免磨损内表面。拿出测头时同样按压定位板使活动测头内缩，保证固定测头先脱离接触。

【数据处理及合格性评定方法】

1. 合格性评定

1）局部实际偏差

全部测量位置的实际偏差应满足最大、最小极限偏差。考虑测量误差，局部实际尺寸应满足验收极限偏差（与轴相同）：$EI - A \leqslant E_a \leqslant ES + A$。其中，$EI$ 为下极限偏差，E_a 为实际偏差，A 为偏差裕度，ES 为上极限偏差。

2）形状误差

内径百分表测孔采用两点法，其圆度误差为在同一截面位置的 2 个方向上测得的实际偏差之差的一半。取各测量位置的最大误差值作为圆度误差，其值应小于圆度公差。

2. 数据处理

将实验数据记录在表 4.1.1 中。

表 4.1.1　用内径百分表测量孔径实验数据记录表

<table>
<tr><td colspan="2">工件孔径基本数据</td><td colspan="2" rowspan="2">测量位置</td><td colspan="3">实际偏差/mm</td></tr>
<tr><td>基本尺寸</td><td></td><td>Ⅰ—Ⅰ</td><td>Ⅱ—Ⅱ</td><td>Ⅲ—Ⅲ</td></tr>
<tr><td>孔公差带代号</td><td></td><td rowspan="2">测量方向</td><td>A—A</td><td></td><td></td><td></td></tr>
<tr><td>圆度公差值</td><td></td><td>B—B</td><td></td><td></td><td></td></tr>
</table>

【分析与思考】

内径百分表测量孔的直径采用何种测量方法？测量误差有哪些？

4.2　用立式光学计测量轴径

【实验目的】

（1）了解立式光学计的结构及测量原理；

（2）熟悉用立式光学计测量外径的方法；

（3）掌握由测量结果判断工件合格性的方法。

【实验仪器与设备】

1. 测量仪器介绍

立式光学计是一种精度较高而结构简单的常用光学量仪，其原理是用量块组合成被测量的基本尺寸作为长度基准，按比较测量法来测量各种工件相对基本尺寸的偏差值，从而计算出实际尺寸。

立式光学计的基本度量指标如下。

分度值：0.001 mm；示值范围：±0.1 mm；测量范围：0～180 mm；仪器不确定度：0.001 mm。

立式光学计的外观结构如图 4.2.1 所示。

1—底座；2—工作台；3—粗调螺母；4—支臂；5—支臂紧固螺钉；6—立柱；7—直角光管；8—光源；9—目镜；10—微调旋钮；11—细调旋钮；12—光管紧固螺钉；13—测头提升杠杆；14—测头；15—工作台调整旋钮。

图 4.2.1　立式光学计的外观结构

2. 测量原理

立式光学计的主要部件是直角光管，整个光学系统和测量部件置于直角光管内部；其测量原理是光学自准直原理和机械的正切放大原理；其光路系统图及分划板的放大图如图 4.2.2 所示，正切放大原理图如图 4.2.3 所示。

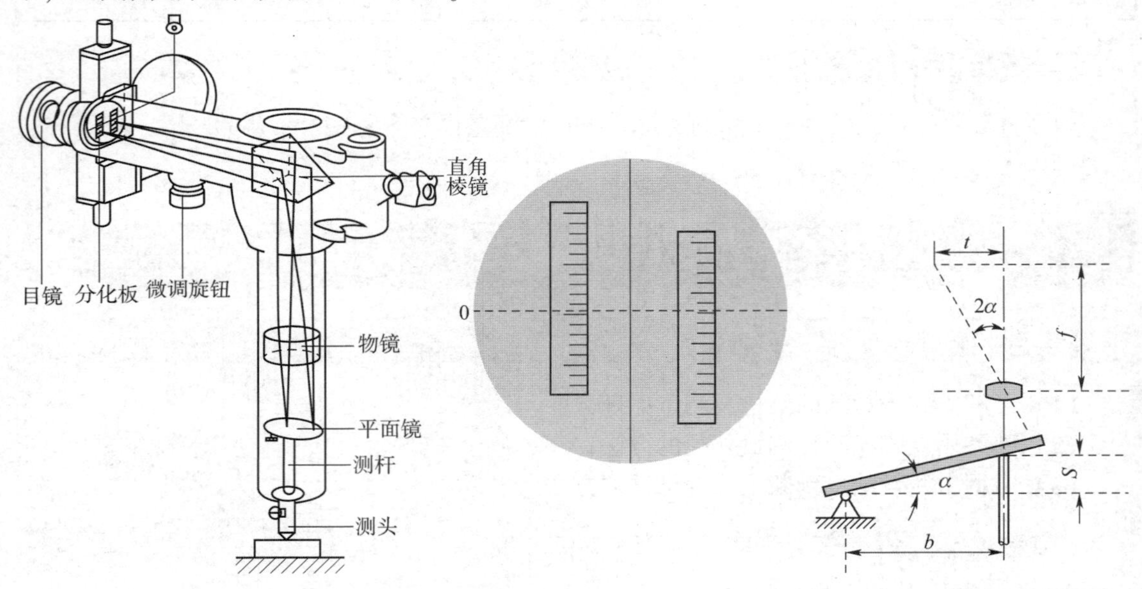

图 4.2.2　光路系统图及分划板的放大图　　**图 4.2.3　正切放大原理图**

分划板在物镜的焦平面上，这一特殊位置使刻度尺受光照后反射的光线经直角棱镜折转 90°到物镜后形成平行光束。当平面镜垂直于物镜主光轴时（通过调节仪器使测头距工作台为基本尺寸时正好使平面镜垂直主光轴），这束平行光束经平面镜反射，反射光线按原路返回。在分划板上成的刻度尺像与刻度尺左右对称，在目镜中读数为0。当平面镜与主光轴的垂直方向成一个角度α时(测件与基本尺寸的偏差S使平面镜绕支点转动)，这束平行光束经平面镜反射，反射光束与入射光束成2α角，经物镜和平面镜在分划板上成的刻度尺像相对刻度尺上下移动t。在正切放大原理图中可以看出

$$S = b \times \tan \alpha t = f\tan 2\alpha$$

因为α很小，故

$$\tan \alpha \approx \alpha, \quad \tan 2\alpha \approx 2\alpha$$

因此，放大倍数

$$K = t/S = 2f/b$$

又$f=200$ mm，$b=5$ mm，故

$$K=400/5=80$$

又因为目镜的放大倍数为12，故光学计管总放大倍数

$$K'=12\times 80=960$$

由此可见，当偏差S为1 μm时在目镜中可看到0.96 mm的位移量，大约1 mm。

【实验步骤】

1. 测头的选择

测头有球形、平面形和刀口形3种形状，根据被测零件表面的几何形状来选择，使测头与被测表面尽量满足点接触。所以，测量平面或圆柱面工件时选用球形测头；测量球面工件时，选用平面形测头；测量小于10 mm的圆柱面工件时，选用刀口形测头且刀口与轴线相垂直。

2. 按被测工件的基本尺寸组合量块

量块的工作面明亮如镜，很容易和非工作面相区分。工作面又有上下之分：当量块尺寸小于5.5 mm的时候，有数字的一面即为上工作面。当量块尺寸≥6 mm时，数字表面的右侧面为上工作面。将量块的上下工作面叠置一部分，并以手指加少许压力后逐渐推入，使两工作面完全重叠相研合。

3. 接通电源调整工作台使其与测杆方向垂直

一般已调好工作台位置，禁止拧动4个工作台的调整旋钮。

4. 检查细调旋钮、微调旋钮是否在调节范围之内

调节微调旋钮10，使其上的红点与光管上的红点对齐。松开光管紧固螺钉12，调节光管凸轮旋钮（细调旋钮）11使其上的红点向下，然后再紧固光管紧固螺钉。如仪器上无红点，则先调微调旋钮10或细调旋钮11确定其调整范围，然后把二者调到调整范围之内，并紧固光管紧固螺钉12。

5. 用基本尺寸仪器调零

（1）粗调：松开支臂紧固螺钉5，转动粗调螺母3升起支臂，将研合好的量块放在工作台中央并使测头对准上测量面的中心点（对角线交点）。转动粗调螺母3，使支臂缓慢下降，直到测量面轻微接触，并能看到刻度尺像时，将支臂紧固螺钉5锁紧。

（2）细调：松开光管紧固螺钉12，转动细调旋钮11（直至在目镜中观察到刻度尺像与μ指标线接近为止)，然后将光管坚固螺钉12锁紧。

(3) 微调：转动微调旋钮 10，使刻度尺的零线影像与 μ 指示线重合，然后按测头提升杠杆 13 数次，看零位是否稳定，如稳定则可以测量；否则，检查应该锁紧的位置是否未锁紧，找到原因重新调零。

6. 测量被测件

按测头提升杠杆将测头抬起，取下量块，放上被测件轴，在轴的左、中、右选 3 个截面Ⅰ、Ⅱ、Ⅲ，在每个截面上测相互垂直的两直径的 4 个端点 A、B、A'、B'，如图 4.2.4 所示，共测 12 个点，测每一点时在轴线的垂直方向上前后移动，读拐点的最大值。

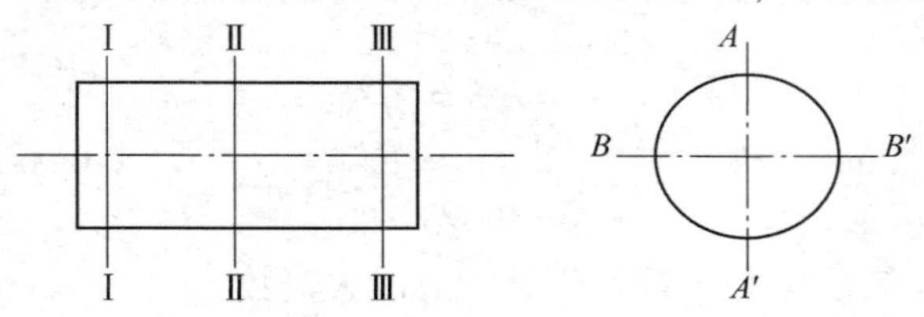

图 4.2.4　测点分布图

7. 复检零位

测完后将量块重新放回原位，复检零位偏移量不得超过±0.5 μm，否则找出原因重测。

8. 断电整理仪器

完成实验后切断电源，并整理好所用仪器、设备。

【数据处理及合格性评定方法】

1. 评定轴径的合格性

根据轴的尺寸标注查表得到基本偏差 es 和公差 Td 及安全裕度 A，按图 4.2.5（a）所示方法计算上下验收极限偏差，所测 12 点的直径的实际偏差均在上下验收极限偏差内，则该轴直径合格，即

$$ei + A \leqslant ea \leqslant es - A$$

2. 评定形状、位置误差的合格性

如在被测轴上标注了素线直线度公差 f' 和素线平行度公差 f''，就应根据测量的 12 个数据求出 4 条素线的直线度误差值 f' 和素线平行度误差值 f''，如图 4.2.5（b）所示。找出其中最大的 f'_{max} 和 f''_{max} 与相应的公差相比，当 $f'_{max} \leqslant f'$ 且 $f''_{max} \leqslant f''$ 时即为合格。轴所标注的各项指标全合格，则此轴合格。

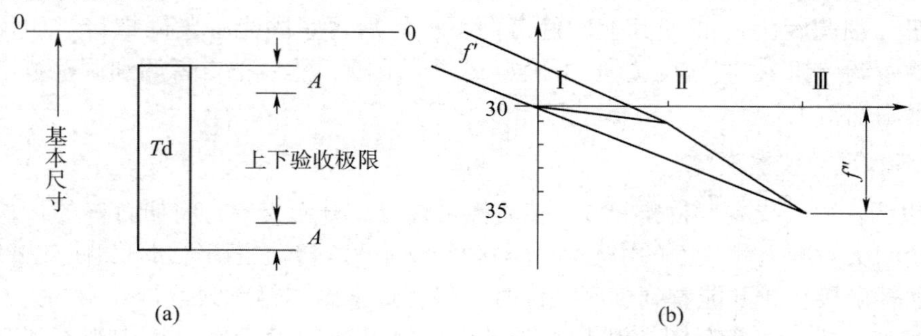

图 4.2.5　上下验收极限偏差计算

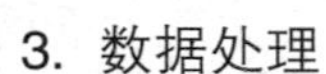

3. 数据处理

将实验数据记录在表 4.2.1 中。

表 4.2.1　用立式光学计测量孔径实验数据记录表

工件轴径基本数据		测量位置		实际偏差/mm		
		测量截面		Ⅰ—Ⅰ	Ⅱ—Ⅱ	Ⅲ—Ⅲ
基本尺寸		测量点	A			
轴公差带代号			A′			
直线度公差值			B			
安全裕度 A			B′			
量块组合						

【分析与思考】

用立式光学计测量轴，属于什么测量方法？绝对测量与相对测量各有何特点？什么是分度值？什么是刻度间距？

4.3　零件表面粗糙度参数测量

【实验目的】

（1）了解便携式表面粗糙度仪（TR240）的测量原理；

（2）掌握便携式表面粗糙度仪测量表面粗糙度 *Ra*、*Rz* 值的方法；

（3）加深对各种表面粗糙度参数的理解。

【实验仪器与设备】

TR240 便携式表面粗糙度仪工作稳定可靠，可广泛适用于各种金属与非金属加工表面粗糙度的检测。由于采用了差动电感式传感器，该仪器结构简单可靠，抗干扰能力强，对工作环境无特殊要求，分辨力高，示值误差小，稳定性好。整机测量精度高，垂直分辨率可达 0.01 μm；测试范围宽，垂直量程最大可达+40/-120 μm。

1. 仪器主要性能指标

测量参数：*Ra*、*R*q、*Rz*、*R*p、*RS*m、*RS*k、*R*mr(c) 等

取样长度：Cut-off（mm）　　0.25　　0.8　　2.5

评定长度：*L*n　　3～5　　Cut-off　（用户可选）

扫描长度：*L*t　　5～7　Cut-off

最大行程长度：*L*tmax　　17.5（mm）

最小行程长度：*L*tmin　　1.3（mm）

数字滤波器：RC　　（Acc. to　GB6062）

　　　　　　M1　　（Acc. to　DIN4777）

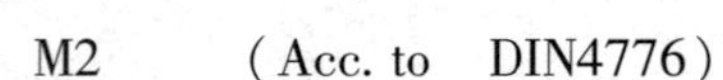
M2 （Acc. to DIN4776）

仪器示值误差：±10%　　　　仪器示值变动性：<6%

触针：金刚石圆锥

垂直量程及垂直分辨力如表 4. 3. 1 所示。

表 4. 3. 1　垂直量程及垂直分辨力

取样长度/mm	增益	垂直量程/μm	垂直分辨力/μm
0. 25	G_0	+20/−20	0. 01
0. 25	G_1	+40/−40	0. 02
0. 8，2. 5	G_0	+20/−60	0. 02
0. 8，2. 5	G_1	+40/−120	0. 04

取样长度（Cut-off）的选择如表 4. 3. 2 所示。

表 4. 3. 2　取样长度（Cut-off）的选择

Cut-off/mm	*Ra*/μm	*Rz*/μm
0. 25	0. 02～0. 1	0. 1～0. 5
0. 80	0. 1～2. 0	0. 5～10
2. 50	2. 0～12. 5	10～60

2. 主机结构

主机结构图如图 4. 3. 1 所示。

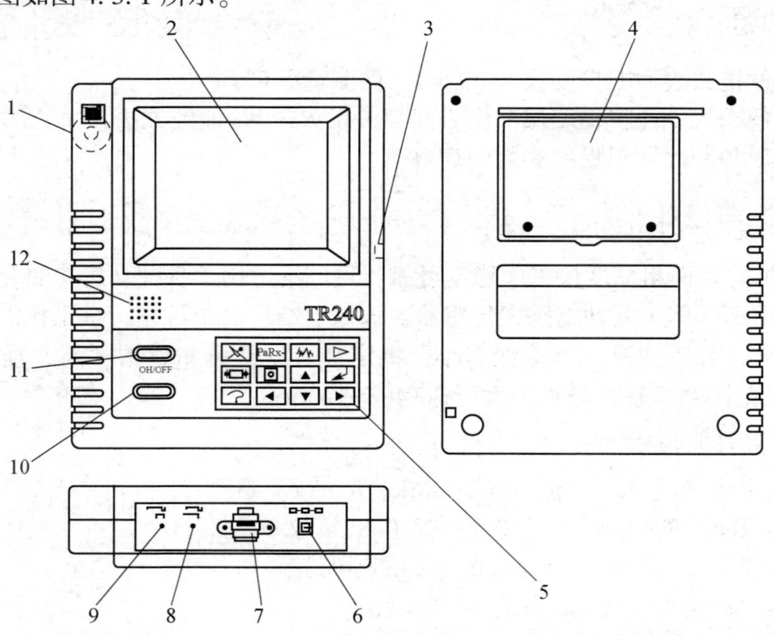

1—液晶对比度调节钮；2—液晶显示屏；3—驱动器连接插座；4—电池仓；5—功能键盘；6—电源适配器插孔；7—串行通讯电缆接口；8—充电指示灯；9—快速充电指示灯；10—液晶背光开关键；11—主机开关键；12—蜂鸣器。

图 4. 3. 1　主机结构图

3. 按键介绍

主机的按键布局如图 4.3.2 所示，包括主机开关键【ON/OFF】、背光开关键【BACK-LIGHT】及功能键盘等。

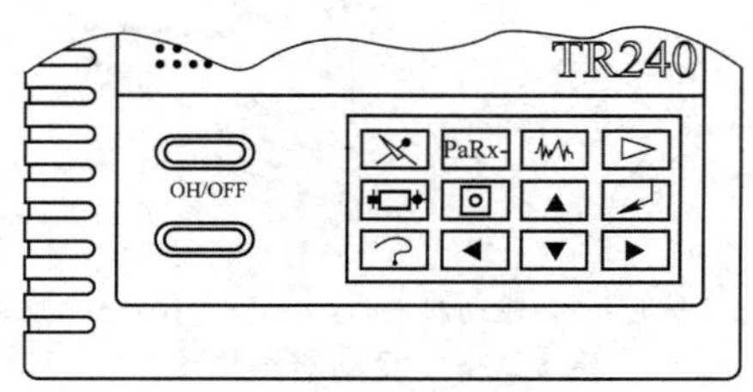

图 4.3.2　主机按键布局

功能键分为专用功能键与辅助功能键，其功能简述如下。

测试运行【RUN】
包括各种测试参数设置，针位测试及测试运行

结果【RESULT】
显示测试结果

图形【GRAPH】
各种测试曲线的图形显示

数据磁盘【DISK】
数据文件存储与调用

电池检测【BATTERY】
观察电池电压

系统设置【CONFIG】
时钟设置，公制、英制单位选择

帮助【HELP】
显示在线帮助文本

回车【ENTER】
配合专用功能键操作使用，具体使用方法可参照在线帮助

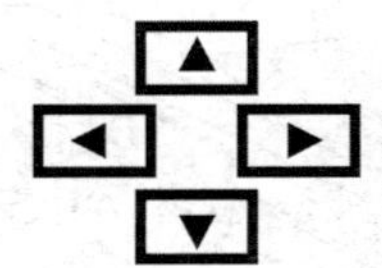

上、下、左、右【UP、DOWN、LEFT、RIGHT】
配合专用功能键操作使用，主要完成光标的滚动数值的调整，以及滚屏显示

4. 传感器

传感器 TS100 拆装结构图如图 4.3.3 所示。

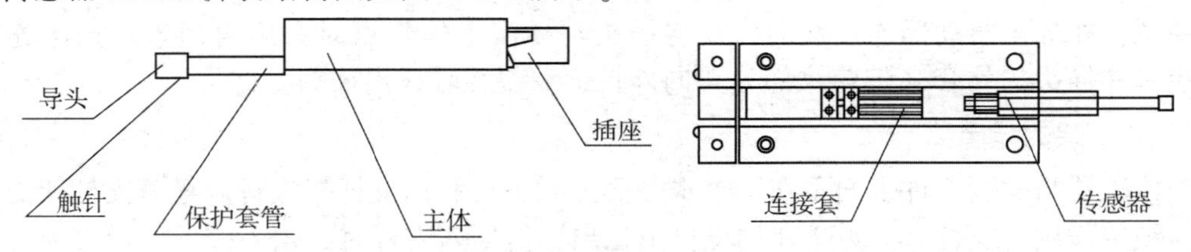

图 4.3.3　传感器 TS100 拆装结构图

5. 传感器的装卸

安装时，将传感器插入驱动器主体下的传感器连接套中，再轻轻推入即可。拆卸时，将传感器从与连接套相接部轻轻推出。应注意不要碰及触针，以免造成损坏。

6. 驱动器

本仪器采用 TA410 驱动器。在主机的控制下，驱动部件带动传感器沿被测表面作匀速滑行，传感器将触针感受到的被测表面的微观轮廓转换成电信号传送给主机。驱动器结构图

如图 4. 3. 4 所示。

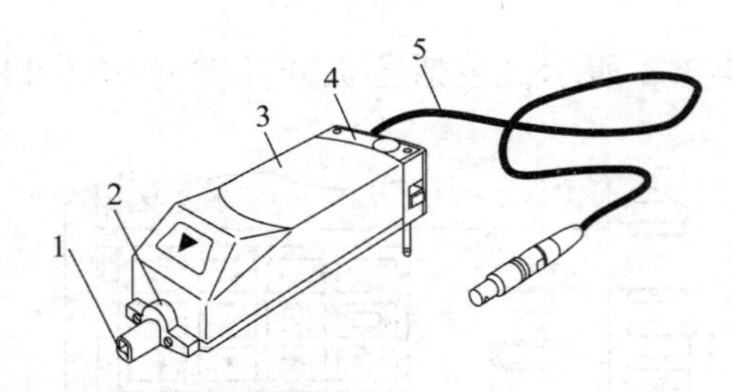

1—传感器；2—护套；3—驱动器主体；4—支杆架；5—驱动器连接线。

图 4. 3. 4　驱动器结构图

7. 驱动器的组装

将传感器安装好之后，再将驱动器连接线的一端插入驱动器尾部的圆孔插座中，锁定。然后按图 4. 3. 5 所示方法完成护套和支杆架的安装。

在拆卸时，应先卸下护套，再拆卸传感器，以免损伤精密部件。另外，只有先卸下支杆架，驱动器连接线才能从插座中拔出。

8. 驱动器与主机的连接

驱动器组装完成后，将驱动器连接线的另一端插入主机右侧的驱动器连接插座中，锁定，如图 4. 3. 6 所示。

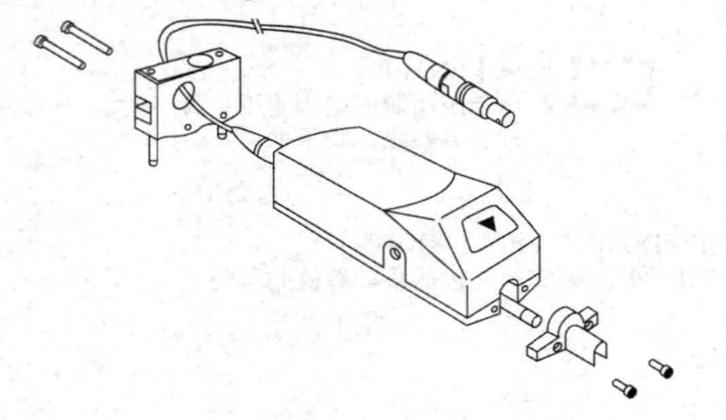

图 4. 3. 5　驱动器的组装

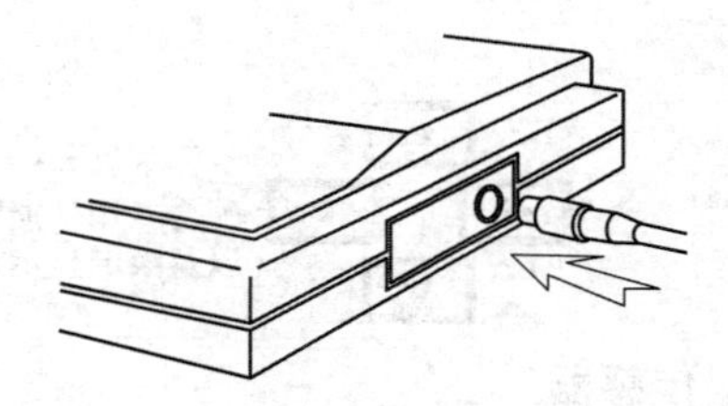

图 4. 3. 6　驱动器与主机接线图

注意：在插接驱动器连接线时，应将插头与插座上的红点对齐后再插入。拔出连接线时，应握住插头的外套（带花纹部分）向外拉，顺势轻轻拔出插头。

9. 支杆架的调节

当传感器与被测工件表面不在一个水平面上时，可利用支杆架进行调整。支杆架的按钮起单向锁定作用。支杆 *A*、支杆 *B* 均可自由拉出，但推入支杆时必须先按下按钮，支杆方可推入。旋转微调旋钮可对支杆 *A* 的高度进行微调。驱动器支杆架的结构如图 4. 3. 7 所示。

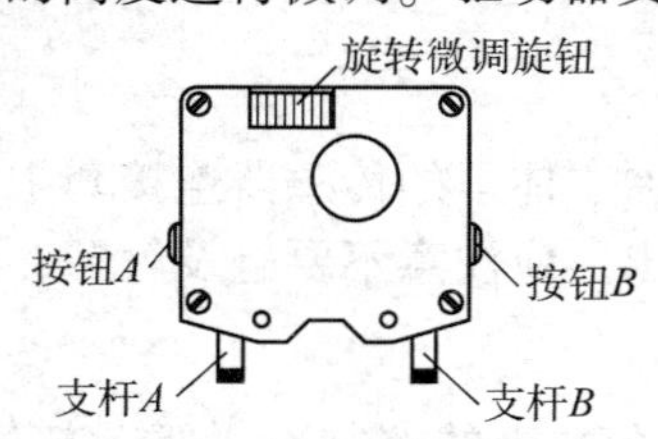

图 4. 3. 7　驱动器支杆架的结构

测量前，应先调整支杆高度，使得传感器与被测试工件位置水平，并使触针与工件表面垂直。可根据工件外形及被测表面高度将支杆 A、B 拉出相同的高度，将驱动器置于工件上。然后可按照屏幕提示，利用按钮或微调旋钮将传感器及触针调整至合适位置（屏幕显示针位在“0”上下一格内时即可）。

【实验原理】

当传感器在驱动器的驱动下沿被测表面做匀速直线运动时，其垂直于工件表面的触针随工件表面的微观起伏做上下运动。触针的运动被转换为电信号，主机采集该信号进行放大、整流、滤波、经 A/D 转换器转换成数据，然后按选择进行数字滤波和数据处理，最后显示测量参数值和在被测表面上得到的各种曲线。

【实验步骤】

1. 实验准备

（1）清理干净被测工件表面；

（2）组装驱动器，将驱动器与主机连接；

（3）调整传感器与被测试工件位置水平，并保证触针与工件表面垂直，如图 4.3.8 所示；

（4）测量方向与工件表面加工纹理方向垂直，如图 4.3.9 所示。

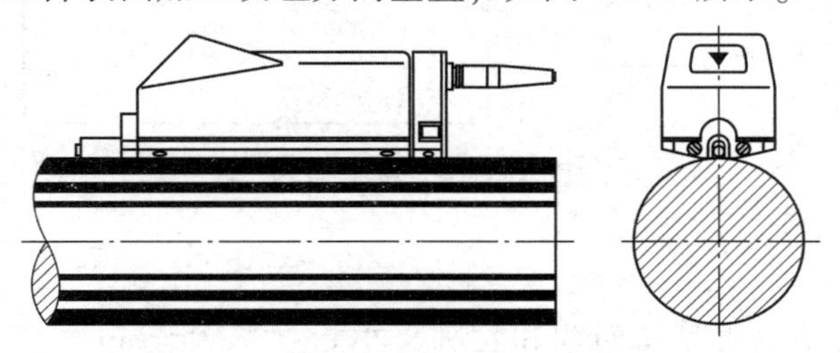

图 4.3.8 传感器调整示意图

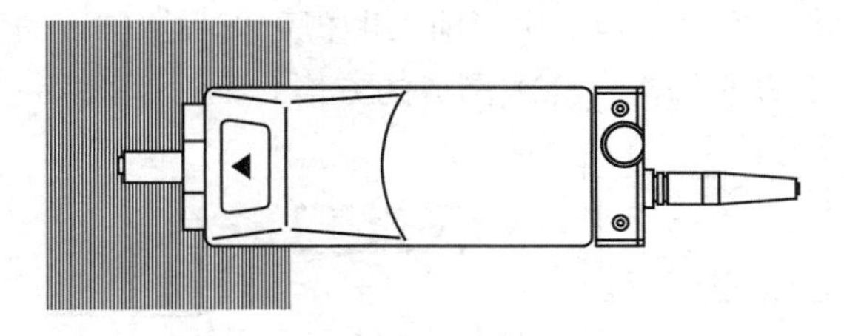

图 4.3.9 测量方向示意图

2. 开机测试

按下【ON/OFF】键，屏幕显示如图 4.3.10 所示。

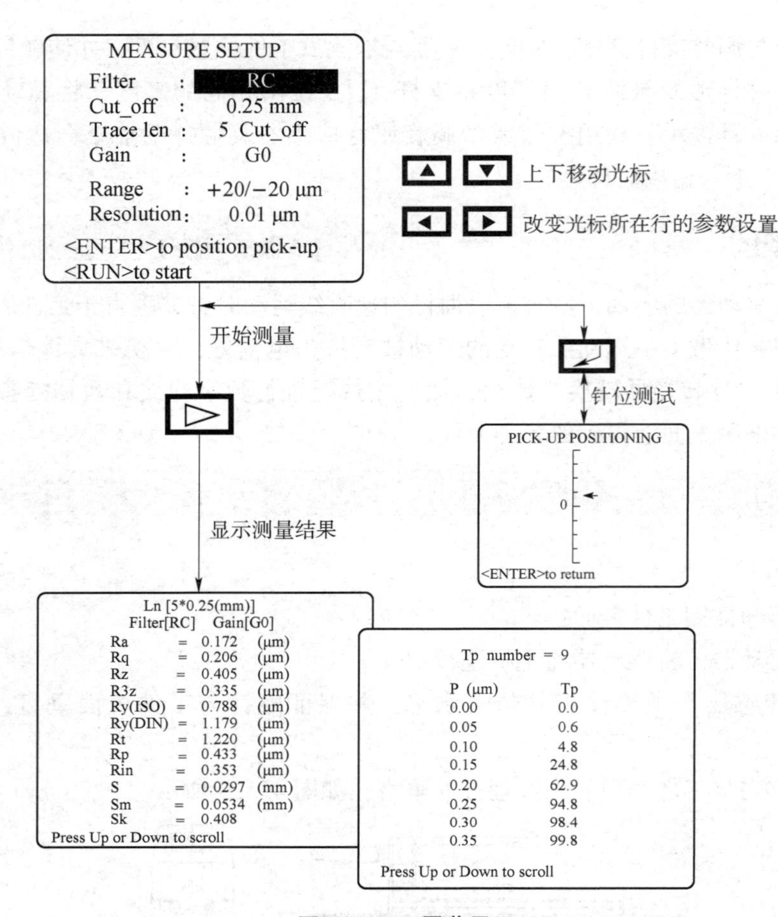

图 4.3.10 屏幕显示

3. 显示图形

按【GRAPH】键显示粗糙度曲线和轮廓支承长度率 Rmr（c）曲线，2 种曲线之间用【GRAPH】键切换，粗糙度曲线如图 4.3.11 所示。

粗糙度曲线下方，第一行数字指示出当前图形相对于起始位置的 X 方向的偏移量，第二行数字指示出 X 方向和 Y 方向每格（点线围成的方格）的分辨率。

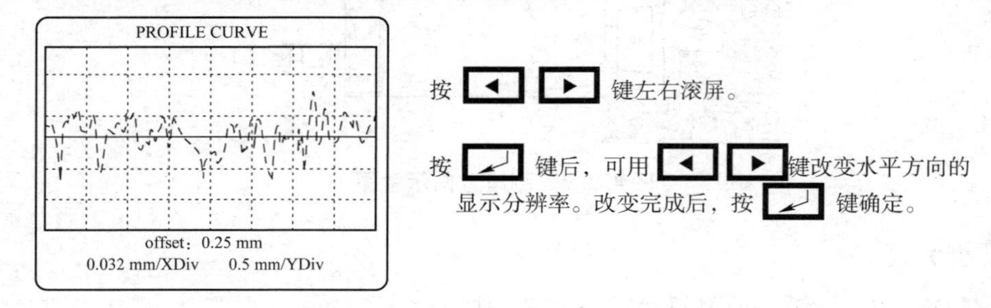

图 4.3.11 粗糙度曲线

【数据处理】

将实验数据记录在表4.3.3中，并进行处理。

表4.3.3　实验数据记录

<table>
<tr><td rowspan="3">仪器</td><td>名称</td><td colspan="2">测量参数</td><td colspan="2">仪器示值误差</td></tr>
<tr><td></td><td colspan="2"></td><td colspan="2"></td></tr>
<tr><td colspan="2">取样长度 l=　　mm</td><td colspan="3">评定长度 l_n =　　mm</td></tr>
<tr><td colspan="6">测量结果记录</td></tr>
<tr><td>序号</td><td>样块标定值</td><td>样块测量值</td><td>序号</td><td>样块标定值</td><td>样块测量值</td></tr>
<tr><td></td><td></td><td></td><td></td><td></td><td></td></tr>
<tr><td></td><td></td><td></td><td></td><td></td><td></td></tr>
<tr><td></td><td></td><td></td><td></td><td></td><td></td></tr>
<tr><td>结论</td><td colspan="2"></td><td>理由</td><td colspan="2"></td></tr>
</table>

【分析与思考】

（1）轮廓的最大高度 *Rz* 和轮廓算术平均偏差 *Ra* 的含义是什么？

（2）用JB-1C型粗糙度测量仪测量时，根据什么选定切除长度？同一表面测量 *Ra*、*Rz* 数值一样吗？

4.4　用万能角度尺测量角度

【实验目的】

（1）了解万能角度尺的结构及测量原理；

（2）熟悉用万能角度尺测量角度的方法；

（3）掌握由测量结果判断工件合格性的方法。

【实验仪器与设备】

万能角度尺又被称为角度规、游标角度尺和万能量角器，它是利用游标读数原理来直接测量工件角度或进行划线的一种量具，一般由尺身、90°角尺、游标、制动器、基尺、直尺、卡块等组成。万能角度尺有Ⅰ型Ⅱ型，测量范围分别为0°～320°和0°～360°，其结构如图4.4.1和图4.4.2所示。

万能角度尺适用于机械加工中的内、外角度测量，可测0°～320°外角以及40°～130°内角。

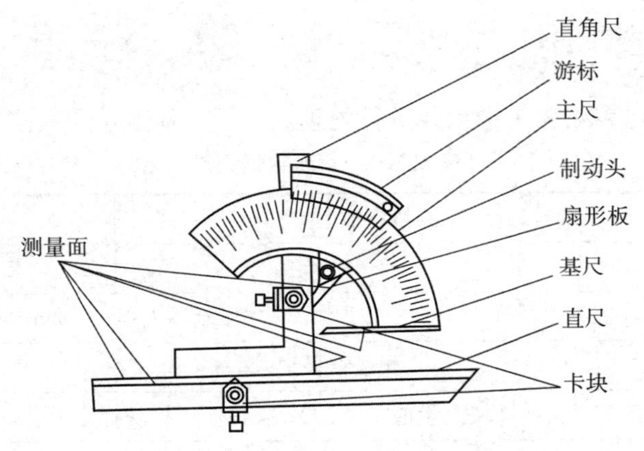

图 4.4.1　I 型万能角度尺结构

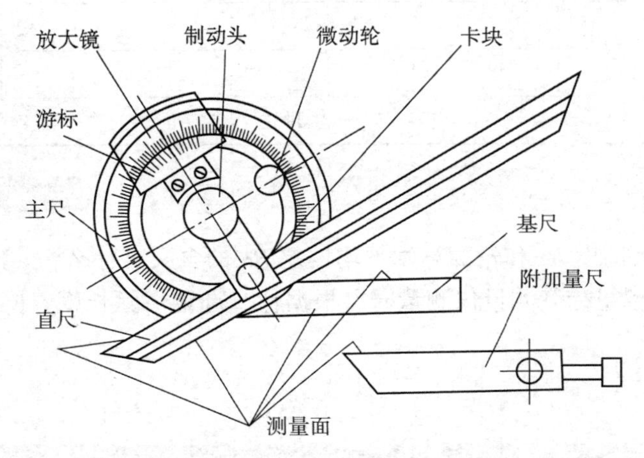

图 4.4.2　Ⅱ型万能角度尺结构

【测量原理】

万能角度尺的读数机构是根据游标原理制成的。主尺刻度线每格为 1°。游标的刻度线是取主尺的 29°等分为 30 格，因此游标刻度线每格为（29/30）°，即主尺与游标一格的差值为 1°-（29/30）°，也就是说万能角度尺读数精确度为 2′。其读数方法与游标卡尺完全相同。

测量时应先校准零位。万能角度尺的零位，是当角尺与直尺均装上，而角尺的底边及基尺与直尺无间隙接触，此时主尺与游标的零线对准。调整好零位后，通过改变基尺、角尺、直尺的相互位置可测试 0°～320°范围内的任意角。

【万能角度尺的读数及使用方法】

测量时，根据产品被测部位的情况，先调整好角尺或直尺的位置，用卡块上的螺钉把它们紧固住，再来调整基尺测量面与其他有关测量面之间的夹角。这时，要先松开制动头上的螺母，移动主尺作粗调整，然后再转动扇形板背面的微动装置作细调整，直到两个测量面与被测表面密切贴合为止。最后，拧紧制动器上的螺母，把角度尺取下来进行读数。

1. 测量0°～50°之间角度

角尺和直尺全都装上，产品的被测部位放在基尺各直尺的测量面之间进行测量，如图4.4.3所示。

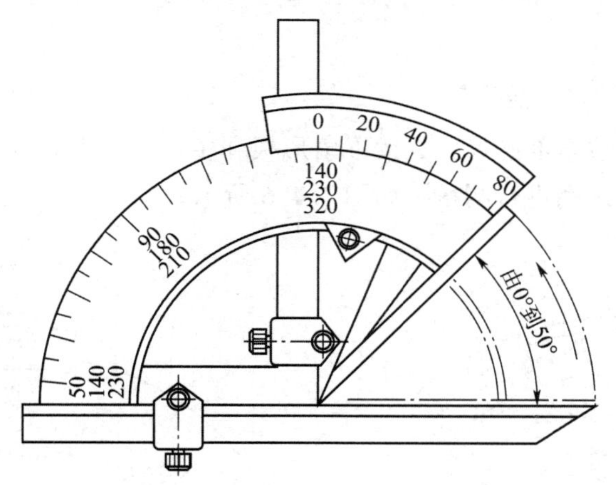

图4.4.3　0°～50°之间角度读数

2. 测量50°～140°之间角度

可把角尺卸掉，把直尺装上去，使它与扇形板连在一起。工件的被测部位放在基尺和直尺的测量面之间进行测量。

也可以不拆下角尺，只把直尺和卡块卸掉，再把角尺向下拉，直到角尺短边与长边的交线和基尺的尖棱对齐为止。把工件的被测部位放在基尺和角尺短边的测量面之间进行测量。如图4.4.4所示。

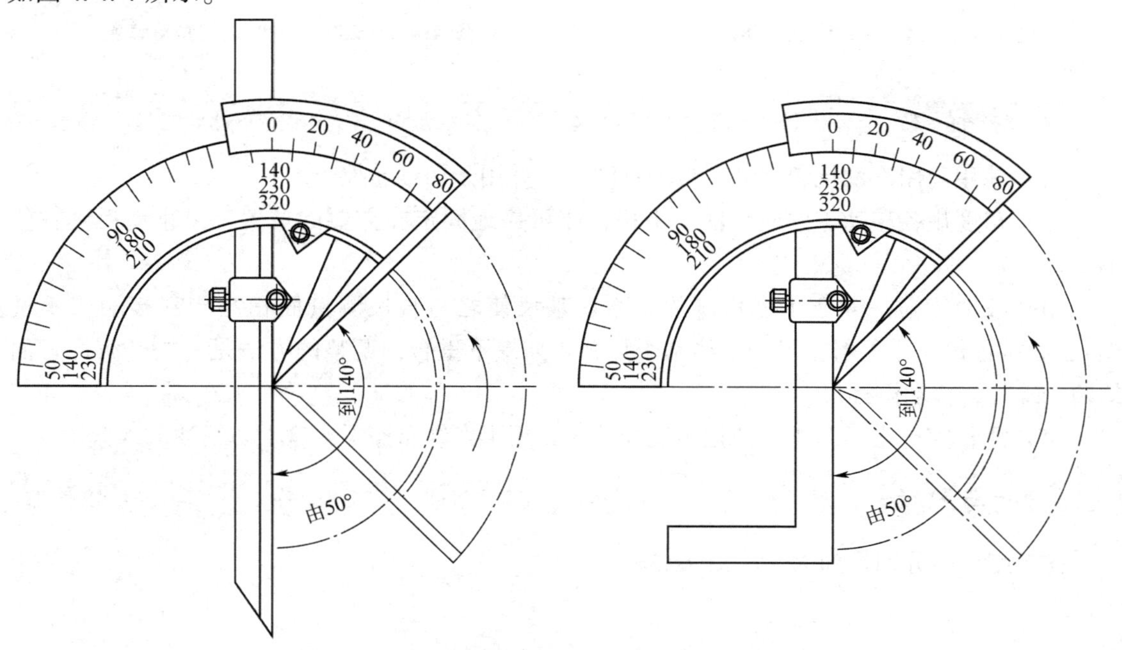

图4.4.4　50°～140°之间角度读数

3. 测量140°~230°之间角度

把直尺和卡块卸掉，只装角尺，但要把角尺向上推，直到角尺短边与长边的交线和基尺的尖棱对齐为止。把工件的被测部位放在基尺和角尺短边的测量面之间进行测量。如图4.4.5所示。

4. 测量230°~320°之间角度

把角尺、直尺和卡块全部卸掉，只留下扇形板和主尺（带基尺）。把产品的被测部位放在基尺和扇形板测量面之间进行测量。如图4.4.6所示。

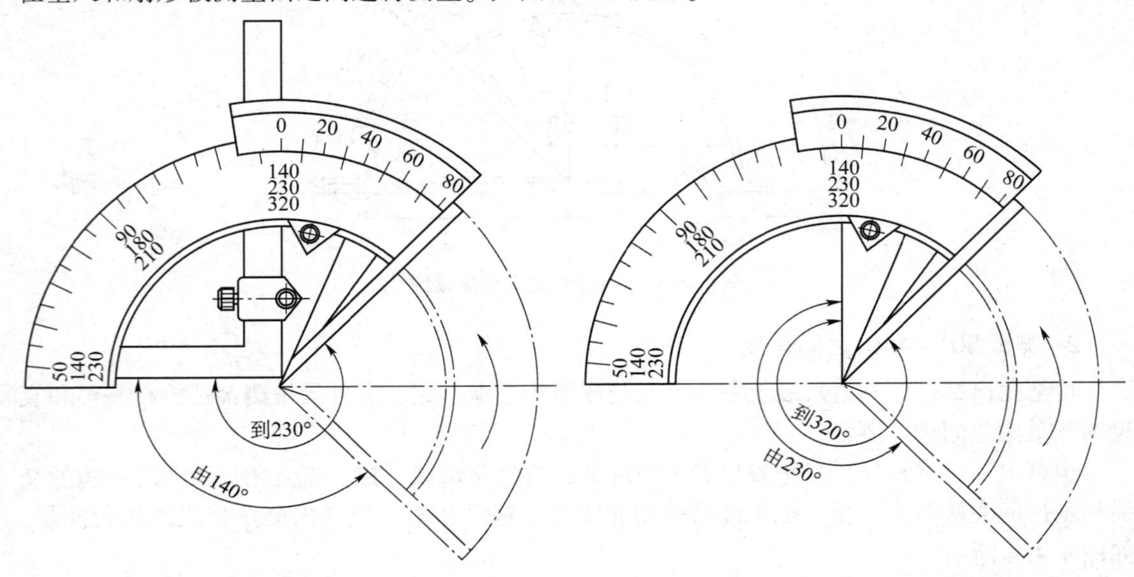

图4.4.5　140°~230°之间角度读数　　图4.4.6　230°~320°之间角度读数

【注意事项】

（1）使用前用汽油把角度规、被测件洗净，并用干净纱布擦干。

（2）角度规各移动零件应灵活、平稳，能可靠地固定在需要的位置上，止动后读数值不变。

（3）校对零位。对于I型角度规，移动基尺使之与直尺测量面相互严密接触（不透光），看游标尺的零位与主尺的零线是否重合。如果不重合，调整的方法是：松开游标背面的两个螺母，移动游标尺。

（4）测量完毕之后，用汽油把角度规洗净，用干净纱布擦干，涂上防锈油装入盒中。

【分析与思考】

在角度尺中分别找到22°26′和92°36。

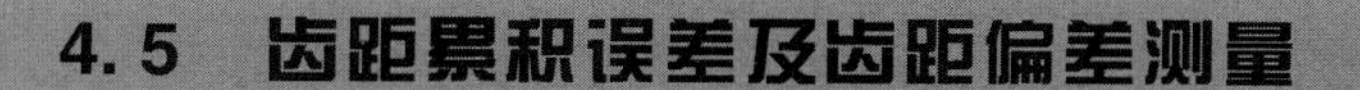

4.5　齿距累积误差及齿距偏差测量

【实验目的】

（1）加深理解齿距偏差 Δf_{pt} 与齿距累积误差 ΔF_p 的定义，及其对齿轮传动使用要求的影响；

（2）掌握用相对法测量齿轮齿距偏差与齿距累积误差的方法，及其测量结果的数据处理方法。

【基本概念】

齿轮的齿距偏差 Δf_{pt} 是指在齿轮的分度圆上，实际齿距与公称齿距之差。在同一圆周上，各齿距的理论值（如图4.5.1中虚线齿廓的齿距）均相等。由于存在制造误差，因此齿廓的实际位置（如图4.5.1中实线所示）对于理论位置总有误差，此项误差将影响齿轮传动的平稳性。实践证明，影响齿轮的传动使用要求不取决于实际齿距是否等于公称值，而取决于在整个圆周上，齿距的均匀等分性。因此，用相对法测量时，公称齿距实际是指所有实际齿距的平均值，且测量的不是弧长，而是弦长。由于分度圆不易确定，因此允许在齿高中部进行测量。

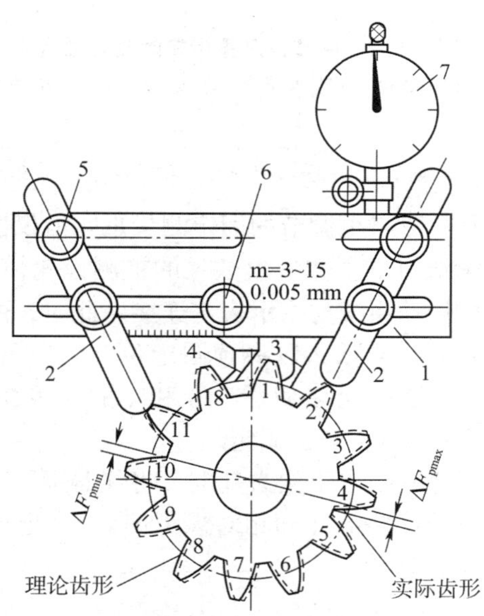

1—仪器主体，其上刻有模数尺；2—定位爪（2个）；3—活动测量爪；4—固定测量爪；5—定位爪紧固螺钉（4个）；6—紧固螺钉；7—指示表。

图4.5.1　齿轮周节检查仪

齿轮的齿距累积误差 ΔF_p 是指在齿轮的分度圆上，任意两同侧齿面间的实际弧长与公称弧长的最大差值的绝对值。如图4.5.1所示，在第4齿产生最大正偏差（$+\Delta F_{p\max}$），在第10齿产生最大负偏差（$-\Delta F_{p\max}$），故该齿轮的周节累积误差为

$$\Delta F_p = |(+\Delta F_{p\max})| + |(-\Delta F_{p\max})|$$

此项误差将影响齿轮的传递运动准确性。

【实验仪器】

用相对法测量齿距偏差的仪器有齿轮周节检查仪（简称周节仪）和万能测齿仪，后者除用于测量齿距外，还可用于测量齿轮多个参数，如基节、公法线、齿厚、齿圈径向跳动等。

本实验选用齿轮周节仪进行测量，其结构如图4.5.1所示。

使用周节仪测量齿轮时，有3种定位方式：

(1) 以齿根圆为测量基准，如图4.5.2 (a) 所示；

(2) 以齿顶圆为测量基准，如图4.5.2 (b) 所示；

(3) 以内孔为测量基准。

本实验为以齿顶圆为测量基准。

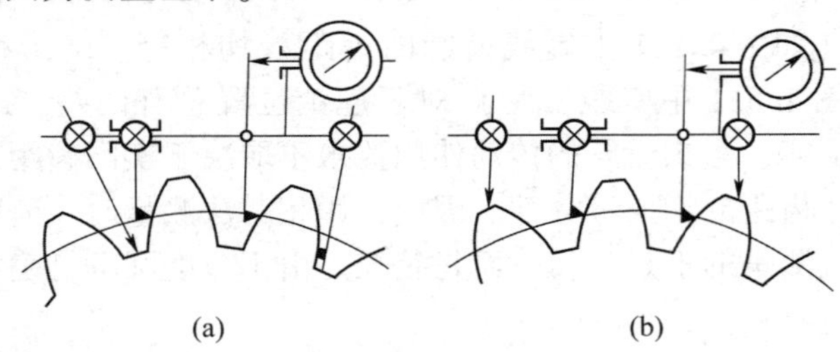

图4.5.2　周节仪测量齿轮时测量位置

(a) 以齿根圆为测量基准；(b) 以齿顶圆为测量基准

【测量原理】

根据被测齿轮模数的不同，可将可调节的固定测量爪4沿仪器主体1的导槽调整到相应位置上（固定测量爪4的指示线对准主体上模数尺的被测齿轮模数刻线），并用紧固螺钉6固定。活动测量爪3通过杠杆传动系统与指示表7连接。此时，两测量爪之间的距离近似等于一个齿距弦长的公称值。2个定位爪2以齿顶圆定位，它也可在仪器主体1的导槽内移动。测量时，调整定位爪2的位置，可以使量爪3和4的测刃在齿轮分度圆附近与齿面接触。调好后，用定位爪紧固螺钉5（4个）固定。

用相对法测量时，是以任意一个齿距作为基准，将仪器指示表调零，然后沿整个齿圈依次测量其他齿距对于基准齿距的偏差值（即相对齿距偏差）。记录数据并处理后，得出齿距偏差 Δf_{pt} 和齿距累积误差 ΔF_p 的数值。

【数据处理】

有2种方法：计算法和作图法。常用的为计算法。

1. 计算法

为了计算方便和查看清楚，可采用列表计算，计算示例如表4.5.1所示。

表4.5.1 数据记录与处理

齿序	读数值（1）n	读数累积值 $(2)n=\sum_{i=1}^{n}(1)i$	齿距偏差 $\Delta f_{pt}i$ $(3)n=(1)n-K$	齿距累积误差值 $\Delta F_{p}i$ $(4)n=\sum_{i=1}^{n}(3)i$
1	0	0	+4	+4
2	+5	+5	+9	+13
3	+5	+10	+9	+22
4	+10	+20	+14	+36
5	−20	0	−16	+20
6	−10	−10	−6	+14
7	−20	−30	−16	−2
8	−18	−48	−14	−16
9	−10	−58	−6	−22
10	−10	−68	−6	−28
11	+15	−53	+19	−9
12	+5	−48	+9	0

1）求齿距偏差

（1）将表4.5.1中第二列内的测得读数值，逐齿累加填入第三列内。测量是在同一个封闭圆内进行的，如基准齿距恰好与公称齿距（平均齿距）相等，虽然齿距有偏差，且有正有负，但所有的齿距之和仍是一个封闭圆周，齿距偏差之和必等于0（证明略），即表4.5.1中第三列最后累积结果应等于0。本例最后的累积结果不等于0（−48），说明基准齿距不等于公称齿距，设二者相差K。

（2）计算K值。每测一齿，就增加一个K值的偏差，测了Z个齿，就有Z个K值的偏差。12个齿的K值之和为−48。所以

$$K=\frac{-48}{12}=-4\ \mu\text{m}$$

K值为系统误差，是可以消除的（K为负值，表示基准齿距比公称齿距大；K为正值，表示基准齿距比公称齿距小）。

（3）将表4.5.1中第三列内的每一个读数值分别减去K值，填入第四列内，此列的数值，为每一个实际齿距相对于公称值（平均值）的偏差，即每一齿的齿距偏差。

（4）表4.5.1中第四列绝对值最大的数（+19 μm）即为该齿轮的齿距偏差Δf_{pt}。注意：偏差有正、负之分，故不能略去符号。

2）求齿距累积误差

将表4.5.1中第四列的数值（实际齿距偏差）逐齿累积，填入第五列内，从第五列中找出最大值与最小值，其差值即为该齿轮的齿距累积误差。

$$\Delta F_p=36-(-28)=64\ \mu\text{m}$$

2. 作图法

如图4.5.3所示，以横坐标为齿序，纵坐标为读数累积值（即表4.5.1中第三列内的数值），绘出图中所示的折线，连接折线首尾两点。过折线的最高点和最低点，作两条直线与该连线平行，两平行线沿纵坐标方向的距离，即代表齿距累积误差。由图4.5.3可得 $\Delta F_p = 64\ \mu m$，与计算法结果相同。

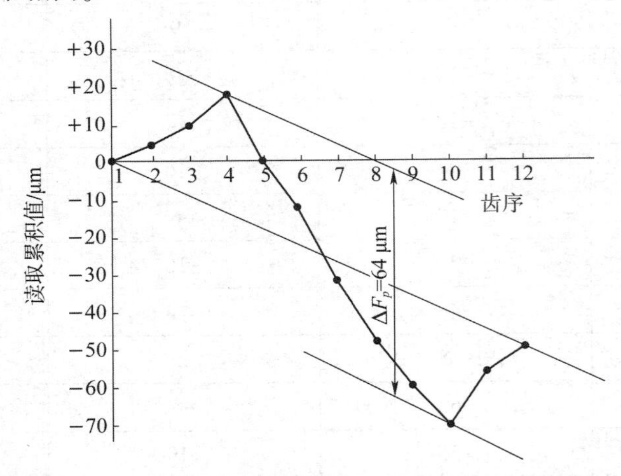

图4.5.3　齿轮齿距累积误差图

【实验步骤】

（1）按表4.5.2核对所用仪器与被测齿轮的精度等级是否适应。

（2）调整测量仪器。

①根据被测齿轮的模数，将可调节的固定测量爪对准仪器主体上的模数刻线，且用螺钉固定。

②把被测齿轮和周节仪平放在平板上，使齿轮齿宽中部与仪器测量爪等高。

③将被测齿轮的任意一个齿放入两测量爪之间，使量爪头位于齿轮齿高中部附近，再将定位爪顶在齿顶圆上，然后拧紧螺钉。

④左手扶住仪器，右手拿着被测齿轮，轻轻地向前顶着（以保持齿顶圆接触定位），同时顺时针转动被测齿轮。被测齿轮的一个齿侧面首先推动活动量爪移动，并通过杠杆系统使指示表的指针转动，当被测齿轮另一个齿侧面顶到固定量爪后，无法再转动，指示表的指针亦停止转动，此时即为测量状态。

⑤在这种状态下，转动指示表表盘，使指针对零，此时的齿距即为基准齿距。

（3）逐齿测量其他齿距相对于基准齿距的偏差（即指示表的指针偏离零位的读数值），此差值即为相对齿距偏差。

（4）进行数据处理，求出齿距偏差 Δf_{pt} 与齿距累积误差 ΔF_p。

（5）判断 ΔF_p 与 Δf_{pt} 的合格性。

合格条件：$-f_{pt} \leqslant \Delta f_{pt} \leqslant +f_{pt}$　　$\Delta F_p \leqslant F_p$

实验记录如表4.5.2所示。

表 4.5.2　齿轮齿距实验数据记录表

量仪名称		测量项目	仪器误差/μm	测量方法的极限误差/μm	被测齿轮精度等级
齿厚卡尺		固定弦齿厚	±20	$\pm(50+1.5\times10^{-2})$	IT9 ~ IT11
0 ~ 150 公法线卡尺		公法线长度	±10	$\pm(10+1.5\times10^{-2})$	IT7 ~ IT11
0 ~ 300 公法线卡尺		公法线长度	±15	$\pm(10-1.5\times10^{-2})$	IT8 ~ IT11
公法线千分尺		公法线长度	±8	$\pm(15+1\times10^{-2})$	IT7 ~ IT9
周节仪		齿距	±6	±10	IT7 ~ IT11
基节仪	$m=2\sim10$	基节	±5	$\pm(4+3\times10^{-2})$	IT7 ~ IT11
	$m=8\sim20$		±8	$\pm(6+3\times10^{-2})$	
径向跳动检查仪		齿圈径向跳动	±8	±10	IT7 ~ IT11
双面啮合仪	用块规调整	中心距偏差及其变动量	—	±15	IT7 ~ IT11
	用刻度尺调整		—	±50	IT9 ~ IT11
单盘式渐开线仪		齿形		±5	IT6 ~ IT8
固定圆盘式万能渐开线仪		齿形		$\pm(1.5+0.2\times10^{-2})$	IT3 ~ IT6
万能测齿仪		基节		$\pm(4.5+3\times10^{-2})$	IT3 ~ IT6
		基节均匀性		±1.5	
		公法线长度 L		$\pm(7+1\times10^{-2})$	
		L 之均匀性		±7	
		齿厚		±5	
		周节		±3	
		齿圈径向跳动		±1.5	

【分析与思考】

（1）齿距偏差和齿距累积误差对齿轮传动各有什么影响？

（2）用相对法测量齿距时，指示表是否一定要调零？为什么？

（3）为什么相对齿距偏差减去“K”值就等于齿距偏差？

4.6　齿轮齿圈径向跳动误差测量

【实验目的】

（1）掌握用齿轮跳动检查仪测量齿轮齿圈径向跳动的方法；

（2）加深理解齿轮齿圈径向跳动的含义。

【实验仪器】

齿轮跳动检查仪、被测齿轮。

【测量原理】

齿圈径向跳动误差可在万能测齿仪上测量，也可在齿轮跳动检查仪上测量，本实验用后者。图 4.6.1 为齿轮跳动检查仪的结构图，该仪器可以测量模数为 0.3 ~2 mm 的齿轮的径向跳动误差。

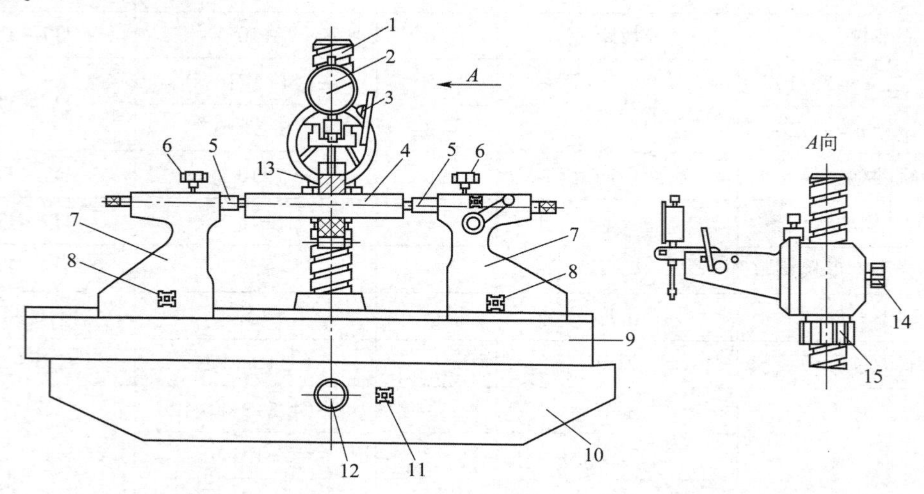

1—立柱；2—指示表；3—指示表测量扳手；4—芯轴；5—顶尖；6—顶尖锁紧螺钉；
7—顶尖架；8—顶尖架锁紧螺钉；9—滑台；10—底座；11—滑台锁紧螺钉；12—滑台移动手轮；
13—被测齿轮；14—指示表架锁紧螺钉；15—升降螺母。

图 4.6.1　齿轮跳动检查仪的结构图

齿圈径向跳动误差 ΔF_r 是指在齿轮转动一周范围内，测头在齿槽内或在轮齿上，与齿高中部双面接触时相对齿轮轴线的最大变动量（如图 4.6.2 所示）。如作出折线，则 ΔF_r 为折线的最高点与最低点沿纵坐标的距离。ΔF_r 可以揭示齿轮的几何偏心；$\Delta F_r = 2e$。

图 4.6.2 中，O 为加工齿轮时的回转轴线；O'为齿轮基准孔的轴线；e 为几何偏心。

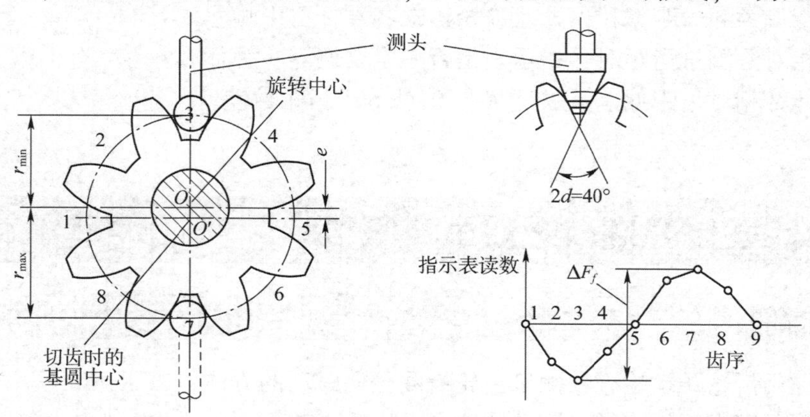

图 4.6.2　测头相对齿轮轴线的最大变动量

【实验步骤】

（1）核对所用仪器与被测齿轮精度等级是否相适应。

（2）安装齿轮：将测量芯轴装入被测齿轮的基准孔内，再将芯轴连同齿轮一起顶在仪器的两顶尖之间（齿轮轴可直接顶装）；拧紧顶尖座紧固螺钉和顶尖紧固螺钉；齿轮与仪器顶尖间松紧应适当，以能转动而无轴向窜动为宜，如图 4.6.1 所示。

（3）根据被测齿轮模数，选择指示表专用测头，可选用下列 2 种。

①夹角 $2\alpha = 40°$ 的圆锥形测头，如图 4.6.2 所示，相当于原始齿条轮廓，与齿廓在齿槽固定弦处接触。

②球形测头，它的直径 $d = 1.68\ mm$ 。也可按表 4.6.1 选用。

表 4.6.1　测头直径选择

模数/mm	1.25	1.5	1.75	2	3	4	5
量头直径/mm	2.1	2.5	2.9	3.3	5	6.7	8.3

也可以用试选法，使选得的测头大致在分度圆附近与被测齿轮接触。

（4）调整滑板的位置，使指示表测头位于齿宽的中部，调节提升手柄 7，使测头位于齿槽内，调整指示表 9 的零位，并使其指针压缩 1 ~2 圈。

（5）每测一齿，须抬起提升手柄 7，让测头从齿槽中抬起退出，转动被测齿轮一齿，再将测头放入新的齿槽中，依次逐齿重复操作一周，记下每次指示表的读数值。一周中指示表指针最大变动范围，即为齿圈径向跳动 ΔF_r。

（6）从读数值中求出 $\Delta F_r = \Delta_{max} - \Delta_{min}$ ，并画出 ΔF_r 曲线图。（Δ 是指示表读数值）

判断被测齿轮齿圈径向跳动是否合格，合格条件：$\Delta F_r < F_r$

【分析与思考】

（1）ΔF_r 产生的主要原因是什么？

（2）ΔF_r 是评定齿轮哪一项精度的指标？如果 $\Delta F_r < F_r$ ，该项精度指标是否合格？

4.7　轴类零件的圆度和圆柱度误差的测量

【实验目的】

（1）学习圆柱度仪的结构组成及使用方法；

（2）掌握用圆柱度仪测量圆度、圆柱度误差的方法；

（3）掌握由测量结果判断轴类零件几何误差合格性的方法；

（4）加深对圆度和圆柱度公差与误差的定义及特征的理解。

【实验仪器】

圆柱度仪、被测轴类零件。

【实验内容】

（1）用圆柱度仪测量轴类零件的圆度、圆柱度误差；
（2）利用圆度和圆柱度公差值表确定轴类零件几何误差的标准值；
（3）判断轴类零件圆度、圆柱度误差的合格性。

【测量原理】

圆柱度仪是以精密回转中心为回转基准，精密直线运动导轨为直线测量基准，通过位于精密直线运动导轨上的位移传感器，测量圆柱体表面若干截面在不同转角位置上的实际轮廓到回转中心线的半径变化量，来定量评价圆柱体表面圆柱度的测量仪器；可用于测量圆柱体工件表面轮廓的形状误差（圆度、圆柱度、平面度和直线度）、位置误差（同心度、同轴度、跳动和垂直度）等。

圆柱度仪的基本度量指标如下：测量范围（最大直径 ϕ300 mm、最小内径 ϕ5 mm、最大高度 480 mm），主轴精度（径向误差 ±（0.025 + 5H/10 000）μm、轴向误差 ±（0.02 + 6X/10 000）μm），工作台（台面直径 ϕ180 mm、回转直径 ϕ550 mm、承载质量 25 kg、调整范围调偏心±2 mm、调水平±1°、旋转速度 0 ~ 12 r/min），传感器分辨率 0.005 μm，数据采集进口光栅 7 200 点/周。

圆柱度仪的外观结构如图 4.7.1 所示。

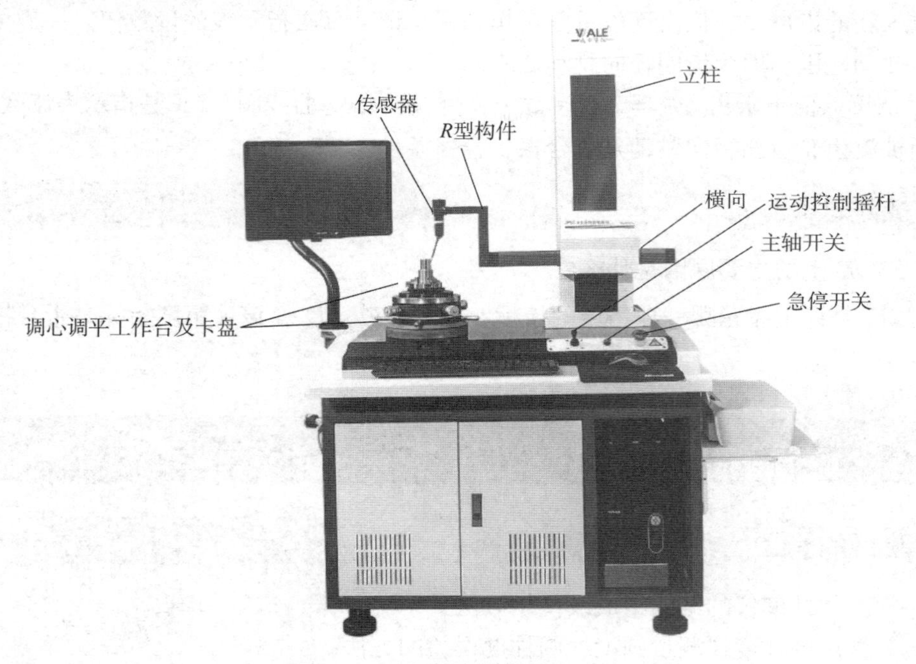

图 4.7.1　圆柱度仪的外观结构

【实验步骤】

（1）测量基本尺寸。测量被测轴类零件的轴径，对于长度较大的零件需测量 3 个位置的轴径，然后求平均值作为基本尺寸。

（2）充气打压。在检查气源管路正常的情况下，开启空气压缩机，给过滤器充气打压，待气压达到一定程度后方可使用圆柱度仪。

（3）安装被测工件。在完成工件基本尺寸测量的前提下，将所测工件安装在三爪卡盘上，安装时注意调整卡盘的水平，并保持工件与卡盘紧密切合。

（4）启动测量软件。双击启动测量软件，按照说明进行相关设置。

（5）对被测工件进行调心和调平。

①测头缓慢靠近被测工件，不要接触，顺时针转动工作台，目测测头距工件表面的距离是否一致，然后将测头缓慢接触到工件表面，使传感器读数为零左右；

②顺时针缓慢转动工作台，调整对心旋钮，使得工件的变化在传感器量程变化范围内，即工件围绕回转中心对称；

③对于被测工件竖直的调整，首先在工件测量面的下截面进行对心调整，再在工件的上截面进行调平调整，利用调平旋钮把工件调节到传感器量程变化范围内，即工件围绕回转中心对称。

注意：进行被测工件竖直的调整时，在测量面的下截面调节对心旋钮，在测量面的上截面调节调平旋钮；调节完成后，使得上下两个截面在传感器的变化量要一致，在图形上的显示偏离中心要小。

（6）圆度、圆柱度测量。在测量软件中选择相关功能，调整好被测工件，将传感器接触到-20左右，使调整台旋转，按照要求操作，完成被测工件圆度和圆柱度的测量，记录测量数据，并打印测试图形。其中，圆柱度测量至少要选择3个截面进行测量。

（7）整理测量仪器。待测量完成后先将测试传感器移开，再从卡盘上取下工件，放到指定位置。

【数据记录、处理及合格性评定方法】

1. 数据记录

将实验数据记录在表4.7.1中。

表4.7.1　轴类零件的圆度和圆柱度误差的测量实验数据记录表

工件测量基本数据			实际测量值/μm	
基本尺寸（轴径）			圆度误差	圆柱度误差
	公差等级	公差值		
圆度公差值				
圆柱度公差值				

2. 数据处理与分析

圆度、圆柱度合格性评价：首先根据被测工件的基本尺寸分别选定公差等级（8～12级），通过查阅几何公差表格，确定圆度和圆柱度的公差值；然后比较实际测量值与公差值的大小，确定工件圆度和圆柱度误差的合格性。

【注意事项】

（1）仪器在使用前，请检查电源和气源，禁止无气或气压不足时使用。

（2）首先将要测量的工件清洗干净，固定在调整台上（一般用三爪卡盘夹持）。

（3）批量测量时，首个工件夹装好后，传感器靠近，但不要接触工件，旋转调整台目测工件和测头的间隙，对工件进行调整；再接触工件，利用传感器的读数对工件进行调整。调整工件不能使传感器压到+300 μm，可通过横向后退，再进行调整。

（4）将测量工件进行调心、调平，使其工件轴线重合于主轴的回转轴线。测量工件时传感器接触到-20 μm 左右。

（5）选择要测量的项目，使工作台自动旋转，再进行测量。

（6）测量后可以对数据进行评价方式和波段的设置。

第5章 工程材料与成型技术实验

5.1 铁碳合金平衡组织显微镜观察

【实验目的】

（1）了解金相样品的制备及腐蚀过程；
（2）了解金相显微镜的构造、成像原理，学习金相显微镜的使用方法；
（3）了解铁碳合金在平衡状态下从高温到室温的组织转变过程；
（4）分析铁碳合金平衡状态室温下的组织形貌；
（5）加深对铁碳合金的成分、组织和性能之间关系的理解；
（6）画出常用铁碳合金的组织形貌。

【预习内容】

（1）金相试件的制备过程；
（2）金相显微镜的成像原理；
（3）工业纯铁、亚共析钢、共析钢、过共析钢、亚共晶白口铸铁、共晶白口铸铁和过共晶白口铸铁的平衡结晶过程；
（4）铁素体、珠光体、渗碳体、莱氏体组织的相组成、组织特征、性能特点以及成分范围。

【实验内容】

（1）了解金相样品的制备过程；
（2）了解金相显微镜结构，学习使用方法（具体使用在综合实验中进行）；
（3）观察表5.1.1中样品的显微组织。

【实验要求】

（1）携带铅笔（2B、1H各1支）和橡皮擦等必要的文具。
（2）用铅笔画表5.1.1中1、4、5和2（或3）共4个样品的显微组织；每一种样品都

各画在一直径 30 mm 的圆内，并用箭头标出图中各相组织（用符号表示），在圆的下方标注材料名称、热处理状态、放大倍数和浸蚀剂等。

（3）估计 20 钢、45 钢中 P 和 F 的相对量（即估计所观察视场中 P 和 F 各自所占的面积百分比），并应用 $Fe-Fe_3C$ 相图，从理论上计算 2 种材料的 P 和 F 组织相对量，与实验估计值进行比较。

【分析与思考】

（1）杠杆原理的理论和实验意义是什么？

（2）铁碳合金平衡组织中，渗碳体可能有几种存在方式和组织形态？它对性能有什么影响？

（3）铁碳合金的含碳量与平衡组织中的 P 和 F 组织组成物的相对数量的关系是什么？

（4）珠光体 P 组织在低倍观察和高倍观察时有何不同？为什么？

表 5.1.1 铁碳合金平衡组织观察样品状态

序号	材料	热处理状态	放大倍数	浸蚀剂	组织及特征
1	工业纯铁	退火	400×	3% HNO_3 酒精	单一等轴晶 F（白色晶粒，少量夹杂），在显微镜中只能见 F 晶界及夹杂
2	20 钢	退火	400×	同上	F+P（黑色晶粒）
3	45 钢	退火	400×	同上	同上，但 P 量多
4	T8	退火	400×	同上	片状 P，无晶界显示
5	T12	退火	100×	同上	沿晶界白色网状 Fe_3C_{II}，晶内黑色 P（局部少量的片状 P）
6	亚共晶白口铸铁	退火	100×	同上	组织为（$P+Fe_3C_{II}$）+L′e，黑色树枝状为 P，L′e 是 Fe_3C（白色）和 P（均匀分布黑色小点或条状组织）

5.2 铁碳合金非平衡显微镜组织观察

【实验目的】

（1）掌握碳钢热处理工艺及操作方法；

（2）掌握铁碳合金非平衡的组织形态特征；

（3）加深热处理工艺对钢组织和性能影响的理解。

【实验原理】

（1）过冷奥氏体等温转变产物组织特征和性能特点；

（2）CCT 图和 TTT 图的应用；

（3）钢淬火回火时的组织转变、组织特征和性能特点。

【实验内容】

观察表 5.2.1 中样品的显微组织。

表 5.2.1　铁碳合金非平衡组织观察样品状态

序号	材料	热处理工艺	放大倍数	浸蚀剂	组织及特征
1	45 钢	淬火	500×	3% HNO_3 酒精	黑色竹叶状互成 120°针状马氏体，其余为板条状马氏体
2	T8	正火	500×	同上	索氏体
3	T12	正火	400×	同上	正火组织
4	65Mn	等温淬火	200×	同上	上贝氏体
5	T8	快冷正火	500×	同上	屈氏体

【实验要求】

（1）携带铅笔和橡皮擦等，在网上实验室观察表 5.2.1 中各种组织；

（2）用铅笔画表 5.2.1 中各种样品显微组织。每一种样品都各画在直径为 30 mm 的圆内，并用箭头标出图中各组织（用符号表示），在圆的下方标注材料名称、热处理工艺、放大倍数和浸蚀剂等。

【分析与思考】

（1）碳钢的平衡组织和非平衡组织各有哪些？

（2）CCT 图和 Fe-Fe_3C 相图的应用各有什么限制条件？

（3）实际生产中 T12 在 900 ℃淬火，在 200 ℃回火是否符合要求？为什么？

（4）45 钢淬火后硬度为 35 ~ 40 HRC，其组织是什么？造成硬度偏低的原因有哪些？

（5）表 5.2.1 中样品 2、3 组织在形态和性能上有什么差异？

（6）含碳量为 1.1% 的工具钢加热至 880 ℃淬火后发现硬度不足，脆性很大，试分析原因，并提出改进措施。

5.3　铸铁金相组织观察

【实验目的】

（1）从组成物和形态上区别白口铸铁与灰口铸铁；

（2）掌握灰口铸铁、可锻铸铁及球墨铸铁中石墨形态的特征；

（3）掌握铸铁的 3 种不同基体。

【实验原理】

（1）石墨化进行的不同程度对铸铁显微组织的影响；

（2）石墨的形态差异对铸铁性能的影响；
（3）可锻铸铁和球墨铸铁的形成机理。

【实验内容】

观察表 5. 3. 1 中所列金相样品的显微组织。

表 5. 3. 1　铸铁显微组织观察样品状态

序号	材料	处理工艺	浸蚀剂	放大倍数	组织特征
1	灰口铸铁	铸态	3% HNO_3 酒精	200×	黑色片状组织为石墨，基体未腐蚀
2	可锻铸铁	可锻化退火	同上	同上	团絮状黑色组织为石墨，基体未腐蚀
3	球墨铸铁	退火	不浸蚀	同上	白色晶粒为铁素体，球状黑色组织为石墨
4	球墨铸铁	低温正火	不浸蚀	400×	白色晶粒为铁素体，层状组织为珠光体，球状黑色组织为石墨
5	球墨铸铁	正火	不浸蚀	同上	层状组织为珠光体，球状灰色组织为石墨

【实验要求】

（1）携带铅笔和橡皮擦等，在网上实验室做实验；
（2）用铅笔画出表 5. 3. 1 中的样品 1、4、5 显微组织；每一种样品都各画在直径为 30 mm 的圆内，并用箭头标出图中各显微组织，在圆下方标注材料名称、工艺状态、放大倍数和浸蚀剂等。

【分析与思考】

（1）从化学成分、组织、性能说明铸铁与钢的区别。
（2）不同基体的灰口铸铁性能有哪些差别？
（3）表 5. 3. 1 中 3 种铸铁的使用范围分别是什么？

5. 4　碳钢的热处理及金属材料的硬度测定

【实验目的】

（1）了解材料硬度测定原理及方法；
（2）了解布氏硬度和洛氏硬度的测量范围及其测量步骤和方法；
（3）了解显微硬度的测量范围及方法；
（4）熟悉碳钢热处理的基本方法；
（5）了解不同热处理方法对碳钢组织与性能的影响。

【预习内容】

（1）硬度实验的物理意义和工程意义；

（2）布氏硬度和洛氏硬度的原理、适用范围；

（3）热处理工艺。

【实验内容】

硬度是指一种材料抵抗另一较硬的具有一定形状和尺寸的物体（金刚石压头或钢球压头）压入其表面的阻力。由于硬度测定简单易行，又无损于零件，因此在生产和科研中应用十分广泛。另外，硬度和抗拉强度之间有近似的正比关系，即

$$\sigma_b = K \times \mathrm{HB} \times 10\ \mathrm{MPa}$$

式中：HB表示布氏硬度；K为系数，对不同的材料和不同的热处理状态，K值均不同。例如，碳钢的K值为0.36，调质状态碳钢的K值为0.34，铸铝的K值为0.26。

常用的硬度测定方法如下。

洛氏硬度计：主要用于金属材料热处理后的产品性能检验。

布氏硬度计：应用于黑色金属、有色金属原材料检验，也可测一般退火、正火后试件的硬度。

维氏硬度计：应用于薄板材料及材料表层的硬度测定，以及较精确的硬度测定。

显微硬度计：主要应用于测定金属材料的显微组织及各组成相的硬度。

本实验重点介绍最常用的洛氏硬度测定法。

1. 洛氏硬度测定

1）原理

洛氏硬度测定，是用特殊的压头（金刚石压头或钢球压头），在先后施加2个载荷（预载荷和总载荷）的作用下压入金属表面来进行的。总载荷P为预载荷P_0和主载荷P_1之和，即$P=P_0+P_1$。

洛氏硬度值是施加总载荷P并卸除主载荷P_1后，在预载荷P_0继续作用下，由主载荷P_1引起的残余压入深度e来计算的，如图5.4.1所示。

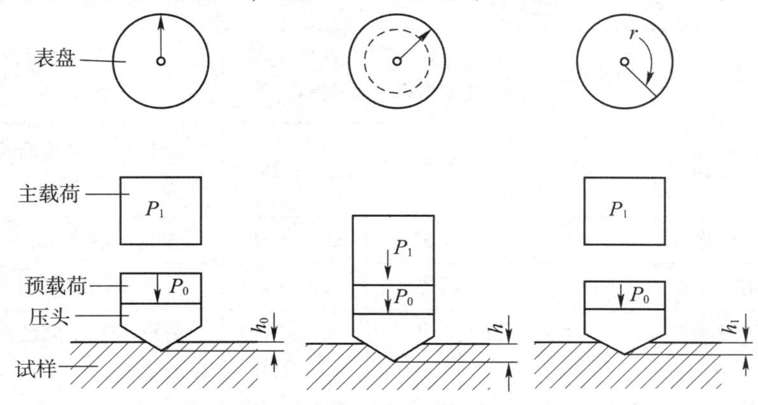

图5.4.1　洛氏硬度测定原理示意图

图5.4.1中，h_0表示在预载荷P_0作用下，压头压入被试材料的深度；h_1表示施加总载

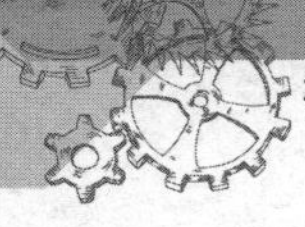

荷 P 并卸除主载荷 P_1，但仍保留预载荷 P_0 时，压头压入被试材料的深度。

深度差 $e=h_1-h_0$，该值用来表示被测材料硬度的高低。

在实际应用中，为了使硬的材料得出的硬度值比软的材料得出的硬度值高，以符合一般的习惯，将被测材料的硬度值用公式加以适当变换。

$$HR = [K - (h_1 - h_0)]/C$$

式中：K 为一常数，其值在采用金刚石压头时为 0.2，采用钢球压头时为 0.26；C 为另一常数，代表指示器读数盘每一刻度相当于压头压入被测材料的深度，其值为 0.002 mm。

HR 为标注洛氏硬度的符号。当采用金刚石压头及 150 kg 的总载荷进行测定时，应标注 HRC；当采用钢球压头及 100 kg 总载荷进行测定时，则应标注 HRB。

HR 值为一无名数，测量时可直接由硬度计表盘读出。表盘上有红色线和黑色线刻度，红线刻度的 30 和黑线刻度的 0 相重合，如图 5.4.2 所示。

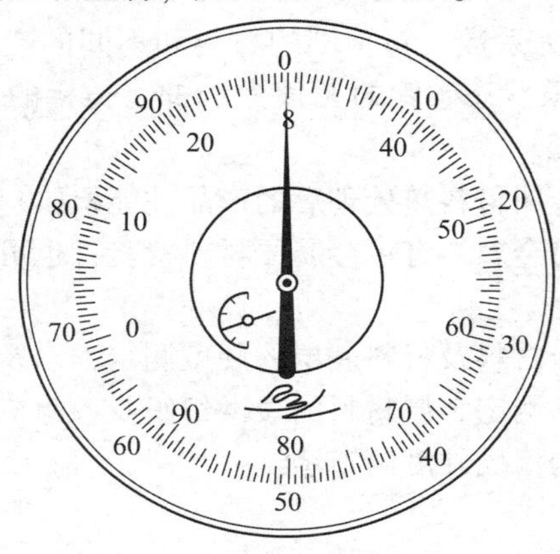

图 5.4.2 洛氏硬度计的刻度盘

为了扩大洛氏硬度的测量范围，可采不同的压头和总载荷配成不同的洛氏硬度标度，每一种标度用同一个字母在洛氏硬度符号 HR 后加以注明，常用的有 HRA，HRB，HRC 这 3 种。部分洛氏硬度值的标度符号、测定条件与应用举例如表 5.4.1 所示。

表 5.4.1 部分洛氏硬度值的标度符号、测定条件与应用举例

标度符号	测定条件				应用举例
	压头	总载荷/kg	表盘上刻度颜色	常用硬度值范围	
HRA	金刚石圆锥	50	黑线	70～85	碳化物、硬质合金、表面硬化工件等
HRB	1/16" 钢球	100	红线	25～100	软钢、退火钢、铜合金等
HRC	金刚石圆锥	150	黑线	20～67	淬火钢、调质钢等
HRD	金刚石圆锥	100	黑线	40～77	薄钢板、表面硬化工件等
HRE	1/8" 钢球	100	红线	70～100	铸铁、铝、镁合金、轴承合金等
HRF	1/16" 钢球	60	红线	40～100	薄硬钢板、退火铜合金等
HRG	1/16" 钢球	150	红线	31～94	磷青铜、铍青铜等

2）洛氏硬度计的构造及操作

洛氏硬度计类型较多，外形构造也各不相同，但构造原理及主要部件均相同。图5.4.3为洛氏硬度计结构示意图。

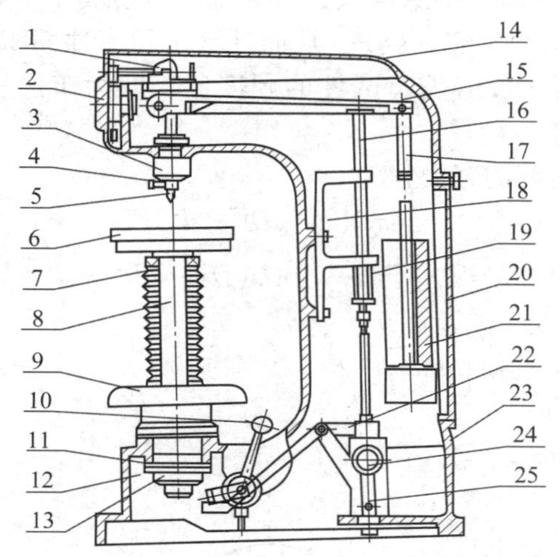

1—测量杠杆；2—指示百分表；3—主轴垫；4—主轴；5—压头；6—工作台；7—丝杠保护套；
8—升降丝杠；9—手轮；10—加载荷手柄；11—弹簧垫圈；12—锁紧螺母；13—丝杠导座；
14—上盖；15—负荷杠杆；16—支撑杆；17—吊杆；18—支架；19—弹簧；20—后盖；21—砝码；
22—曲杆；23—机体；24—缓冲器调节阀；25—缓冲器。

图5.4.3 洛氏硬度计结构示意图

洛氏硬度计操作方法如下。

（1）按表5.4.1选择压头及载荷。

（2）根据试件大小和形状选用载物台。

（3）将试件上下两面磨平，然后置于载物台上。

（4）加预载。按顺时针方向转动升降机构的手轮，使试件与压头接触，直到指示百分表上小针移动至小红点为止。

（5）调整百分表表盘，使表盘上的长针对准硬度值的起点。例如，实验HRC、HRA硬度时，使长针与表盘上黑字C处对准；实验HRB时，使长针与表盘上红字B处对准。

（6）加主载荷。平稳地扳动加载手柄，手柄自动升高至停止位置（时间为5~7 s），并停留10s。

（7）卸主载荷。扳回加载手柄至原来位置。

（8）读硬度值。表上长针指示的数字为硬度的读数，HRC、HRA读黑线数字，HRB读红线数字。

（9）降下载物台。当试件完全离开压头后，才可取下试件。

（10）用同样的方法在试件的不同位置测3个数据，取其算术平均值为试件的硬度。

各种洛氏硬度值之间，以及洛氏硬度与布氏硬度之间都有一定的换算关系。对钢铁材料而言，大致的关系式为

$$\mathrm{HRC}=2\mathrm{HRA}-104$$

$$\mathrm{HBW}=10\mathrm{HRC}\text{（HRC 位于 40~60 范围时）}$$

$$\mathrm{HBW}=2\mathrm{HRB}$$

2. 布氏硬度测定

1）测定原理

用载荷 P 把直径为 D 的淬火钢球压入试件表面，并保持一定时间，而后卸除载荷，测量钢球在试件表面上所压出的压痕直径 d，从而计算出压痕球面积 F，然后再计算出单位面积承载的质量（P/F），用此数值表示试件的硬度值，即为布氏硬度，用符号 HBW 表示。布氏硬度测定原理如图 5.4.4 所示。

设压痕深度为 h，则压痕的球面积为

$$F=\pi D(D-D^2-d^2)/2$$

$$\text{HBW}=P/F=2P/[\pi D(D-\sqrt{D^2-d^2})]$$

式中：P——施加的载荷，kg；

D——压头（钢球）直径，mm；

d——压痕直径，mm；

F——压痕面积，mm^2。

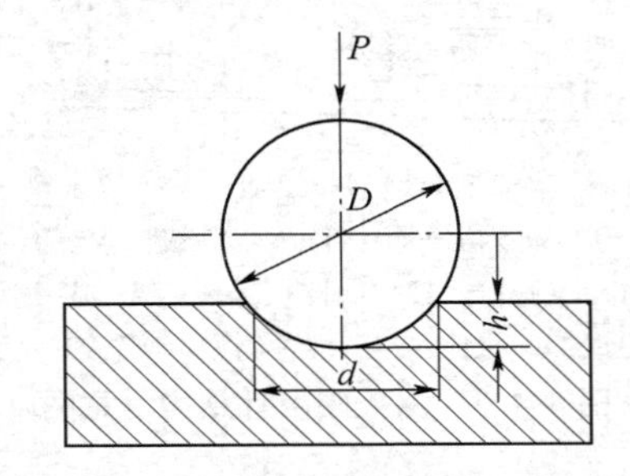

图 5.4.4　布氏硬度计实验原理示意图

由于金属材料的硬度、工件的尺寸各不相同，因此为适应不同的情况，布氏硬度的钢球有 ϕ2.5、ϕ5.0、ϕ10.0 mm 共 3 种，载荷有 15.6、62.5、187.5、250.0、750.0、1 000.0、3 000.0 kg 共 6 种。当采用不同大小的载荷和不同直径的钢球进行布氏硬度实验时，只要能满足 P/D_2 为常数，则同一种材料得到的布氏硬度值是相同的。而不同材料所列得的布氏硬度值也可以进行比较。国家标准规定 P/D_2 的比值有 30、20、2.5 共 3 种。根据金属材料种类、试件硬度范围和厚度的不同，可按照表 5.4.2 选择钢球直径 D、载荷 P 及载荷保持时间。在试件厚度和载面大小允许的情况下，尽可能选用直径大的钢球和大的载荷，这样更易反映材料性能的真实性。另外，由于压痕大，测量的误差也小，因此测定钢的硬度时，尽可能用 ϕ 10 mm 的钢球和 3 000 kg 的载荷。测定后的压痕直径应在 $0.25D\sim0.6D$ 的范围内，否则实验结果无效。这是因为若 d 值太小，则测定的灵敏度和准确性将随之降低；若 d 值太大，则压痕几何形状不能保持相似的关系，影响测定结果的准确性。

根据测量的压痕直径，查表 5.4.2 即可得试件硬度值。

布氏硬度值的表示方法：若用 10.0 mm 直径的钢球，在 3 000.0 kg 载荷下保持 10 s。测得布氏硬度值为 400 时，可表示为 400 HBW。

在其他测定条件下，符号 HBW 应以相应的数字注明钢球直径、载荷大小及载荷保持的时间。例如，100 HBW5/250/30 即表示：用 5.0 mm 直径的钢球，在 250.0 kg 载荷下保持 30 s 时，所得到的布氏硬度为 100。

2）布氏硬度测定的优缺点

由于布氏硬度测定压痕面积较大，其硬度值代表性较全面，因此特别适用于测定灰口铸铁、轴承合金和具有粗大晶粒的金属材料。实验数据较稳定，重复性也强。布氏硬度值和强度极限（σ_b）的关系，其换算式为经验公式；知道硬度后可以粗略地估计其他某些机械性能，但铸铁不能用此经验公式。布氏硬度用的压头是淬火钢球，由于钢球本身存在变形和硬度问题，因此不能测试太硬的材料（大于450 HBW 的材料）。布氏硬度压痕较大，产品检验时有困难。实验过程比洛氏硬度复杂，不能在硬度计上直接读数，还需用带刻度的低倍放大镜测出压痕直径，然后通过查表或计算才能得到布氏硬度值。布氏硬度实验常用于测定铸铁、有色金属、低合金结构钢等的原材料以及结构钢调质后的硬度。

表 5.4.2　布氏硬度实验规范

金属类型	布氏硬度 HBW 范围	试件厚度 /mm	载荷 P 与压头直径 D 的关系	钢球直径 D/mm	载荷 P/kg	载荷保持时间/s
黑色金属	140～450	6～2	$P=30D^2$	10. 0	3 000. 0	10
		4～2		5. 0	750. 0	
		<2		2. 5	187. 5	
	<140	>6	$P=10D^2$	10. 0	1 000. 0	10
		6～3		5. 0	250. 0	
		<3		2. 5	62. 5	
有色金属	>130	6～3	$P=30D^2$	10. 0	1 000. 0	30
		4～2		5. 0	750. 0	
		<2		2. 5	187. 5	
	36～130	9～3	$P=10D^2$	10. 0	1 000. 0	30
		6～3		5. 0	250. 0	
		<3		2. 5	62. 5	
	8～35	>6	$P=2.5D^2$	10. 0	250. 0	30
		6～3		5. 0	62. 5	
		<3		2. 5	15. 6	

3. 热处理实验

1）实验设备和工具

（1）加热炉；

（2）硬度机；

（3）热处理试件。

2）实验原理

铁碳合金热处理过程中，加热、保温、冷却的方式及时间对材料组织有着巨大的影响，不同的处理方式可以得到不同组织，其力学性能尤其是硬度也就不同。故可以尝试通过不同的加热温度、冷却方式、回火温度得到不同的组织，并测试其硬度加以验证。

【实验步骤】

（1）了解电炉、硬度机的使用方法及安全注意事项；

(2) 取一组 45 钢或 T10 试件(共 7 块,其中一块退火试件已提前备好);

(3) 将试件放入箱式或坩埚电炉中加热至一定温度(45 钢为 860 ℃,T10 为 780 ℃),保温时间为 10 min;

(4) 2 人一组,分别对试件进行水冷(4 块)、油冷(1 块)、空冷(1 块)操作;

(5) 将水冷试件取出 3 块分别放入 200、400、600 ℃ 的炉火中回火,保温时间为 30 min;

(6) 热处理后的试件依次用砂轮机、预磨机磨去两端氧化皮,然后测量硬度:炉冷、空冷试件测布氏硬度(各测 2 个点);其他试件测洛氏硬度(各测 3 ~ 4 个点)并记录。

【分析与思考】

(1) 测量硬度前为什么要进行打磨?

(2) HRC、HBW 和 HV(维氏硬度)的实验原理有何异同?

(3) HRC、HBW 和 HV 各有什么优缺点?各自适用范围是什么?举例说明 HRC、HBW 和 HV 适用于哪些材料及工艺。

(4) 试分析硬度实验中产生误差的原因。

(5) 为什么 a_k(冲击韧度)值表现出很大的分散性?影响 a_k 值的因素有哪些?

(6) 韧、脆性材料断口有何区别?韧、脆性材料哪个 a_k 值高?

(7) 淬火加热温度有什么要求?

(8) 为什么水冷后要进行回火处理?

5.5 金相显微镜的使用

【实验仪器与设备】

金相显微镜由光学系统、照明系统和机械系统组成。图 5.5.1 为 XJP-2 型金相显微镜外形及构造图。

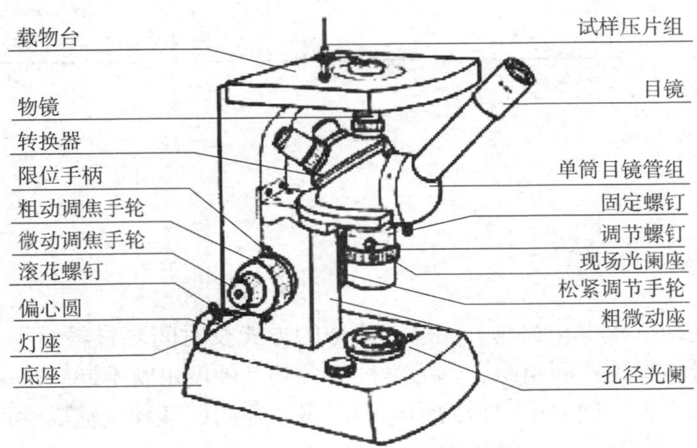

图 5.5.1 XJP-2 型金相显微镜外形及构造图

光学系统的主要部件是目镜和物镜,它们组合使用,将物像放大,每一个目镜和物镜均有一定的放大倍数，总放大倍数为二者放大倍数的乘积（有的显微镜由于构造上的特点，还要乘以一个规定的系数）。金相显微镜的放大倍数可以达到1 000～2 000倍。

照明系统包括光源（灯泡或弧光灯）和反射透镜（平面镜或棱镜）及其他装置（如光阑、滤光片、聚光透镜、过滤器、照相设备等）。

机构系统包括镜架、镜筒、样品台、升降调节等装置。

【实验原理】

如图5.5.2所示，实物*AB*置于物镜1的焦点外侧，由光源经反射镜投射到*AB*上的光线，被*AB*反射出来，反射光经物镜1第一次放大，得到倒立的实像$A'B'$。显微镜的构造使$A'B'$位于目镜2与其焦点之间，目镜2又将实像$A'B'$进行第二次放大得到与$A'B'$方位相同的虚像$A''B''$。我们在显微镜中观察到的就是与实物方位相反（倒立）的经两次放大的虚像$A''B''$。

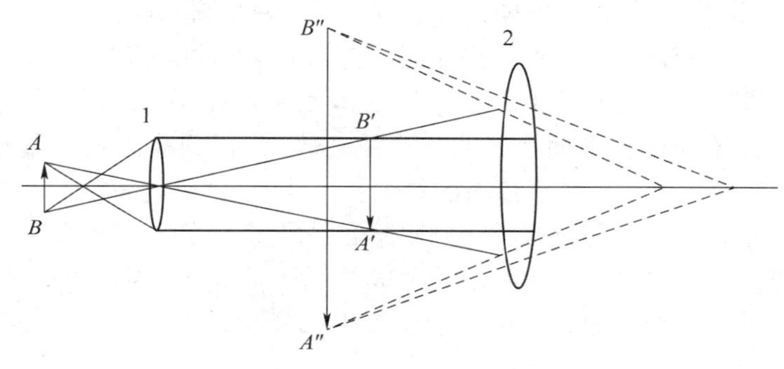

图5.5.2 光学显微镜成像原理

XJP-2型金相显微镜光学系统如图5.5.3所示。

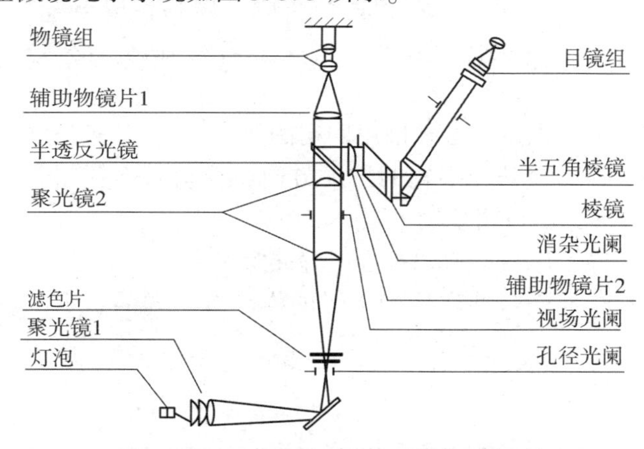

图5.5.3 XJP-2型金相显微镜光学系统

由光源发出的光线，经过平面镜或棱镜反射，通过物镜到达试件表面，再由试件表面反射回来，又通过物镜到达人眼。图5.5.3中一小部分光由于不能完全反射回来，而散失于物镜之外。反射回来的光又通过物镜到达平面镜，其中一部分光透过平面镜到达目镜，从而被观察到。

由图5.5.3可见，平面镜能使物镜在整个视场起作用，适用于高倍检验，但光线经平面镜反射和透射后损失很大，因此亮度不足；而使用棱镜光线损失小，适用于低倍检验及照相，不过棱镜只有一半入射光线，另一半产生物像，而且光线斜射，显出突出暗线。

【操作方法与注意事项】

金相显微镜属于精密仪器，使用时务必小心谨慎，在操作前须熟悉其构造、原理及各零部件的作用、相互关系，切不可随意乱动。

1. 操作方法

（1）根据要求的放大倍数，选择合适的物镜和目镜安装于显微镜上；

（2）安装照明装置，先将显微镜光源插头接变压器，再将变压器插入电源插座（切不可将显微镜光源插头直接插入电源插座！否则光源灯泡会被烧毁）；

（3）拧动镜架上的粗调手轮，将物镜抬高，把试件置于样品台上，对准物镜，检查调节滤光片、光圈、反射镜的位置，使样品台上有一明亮的小圆光点；

（4）拧动镜架上的粗调手轮，使物镜接近试件表面（切勿触及！）；

（5）从目镜观察，同时拧动粗调手轮，使物镜由紧挨着样品表面开始慢慢向上（切不可拧反方向，使物镜压到样品表面上，造成物镜破碎），调到亮度最大附近出现模糊现象时，拧动镜架上的微调手轮，即可得清晰的物像；

（6）观察时，最好不要紧闭一眼，否则眼睛容易疲劳，若长时间观察，可稍加休息；

（7）观察完毕或另换试件时务须将镜筒上提，使物镜抬高，然后再取下或更换试件；

（8）显微镜用毕，切断电源，目镜置于镜盒中，套上目镜罩，用干净毛巾或显微镜罩将显微镜盖好。

2. 注意事项

（1）安装或换取物镜、目镜时，切勿使镜头触及硬物，切不可失手跌落，严禁用手、毛巾、手绢、棉花或一般纸张去擦拭镜头，镜头上若有脏污，必须用特制的擦镜纸轻轻擦拭；

（2）显微镜光源为低压电灯，必须使用固定的变压器，不得直接接220 V电源；

（3）要熟悉镜筒、样品台升降手轮的拧动方向，拧动时不要用力过猛，拧不动时表明已拧到头了，应反向拧回，不可粗暴用力；

（4）显微镜出现故障，应立即报告指导老师或实验人员，不得擅自拆卸部件；

（5）不要将浸蚀后未冲洗、冲洗后未干燥的样品置于样品台上，以免显微镜头、样品台等受浸蚀。

5.6 金相试件的制备

【实验目的】

（1）了解金相试件的制备过程；

（2）初步掌握金相试件制备、浸蚀的基本方法。

【实验内容】

（1）试件的取样、镶嵌、磨制；
（2）浸蚀剂的选取，试件的浸蚀；
（3）试件制备质量检验。

【实验仪器与设备】

（1）金相切割机、砂轮机、镶嵌机、预磨机、抛光机、吹风机、显微镜。
（2）金相砂纸、抛光粉、抛光布、浸蚀剂、棉球、酒精。
（3）20 钢试件（独立制备，无明显划痕、扰乱层等缺陷）。

【实验相关知识】

在科研和实验中，人们经常借助于金相显微镜对金属材料进行显微分析和检测，以控制金属材料的组织和性能。在进行显微分析前，首先必须制备金相试件，若试件制备不当，就不能看到真实的组织，也就得不到准确的结论。

金相试件制备过程包括：取样（镶嵌）、磨制、抛光和浸蚀。

1. 取样

取样部位的选择应根据检验的目的选择有代表性的区域。一般进行如下几方面取样。

原材料及锻件的取样：原材料及锻件的取样应根据所要检验的内容进行纵向取样和横向取样。纵向取样检验的内容包括：非金属夹杂物的类型、大小、形状，金属变形后晶粒被拉长的程度，带状组织等。横向取样检验的内容包括：检验材料自表面到中心的组织变化情况，表面缺陷，夹杂物分布，金属表面渗层与覆盖层等。

事故分析取样：当零件在使用或加工过程中被损坏时，应在零件损坏处取样然后再在没有损坏的地方取样，以便于对比分析。

取样的方法：因为材料的硬度不一样，所以取样的方法也不一样。软材料可用锯、车、铣、刨等方法来截取；硬材料可用金相切割机或线切割机床截取，切割时要用水冷却，以免试件受热引起组织变化；对硬而脆的材料，可用锤击碎，再选取合适的试件。

试件的大小以便于拿在手里磨制为宜，一般用直径为 12 ~ 15 mm 的圆柱体或 12 mm×12 mm×15 mm 的长方体。取样的数量根据工件的大小和检验的内容取 2 ~ 5 个为宜。

截取好的试件有的过于细小或是薄片、碎片，以及不宜磨制或要求精确分析边缘组织的试件需要镶嵌成一定的形状和大小。常用的镶嵌方法有机械镶嵌法、环氧树脂冷嵌法或塑料镶嵌法，如图 5. 6. 1 所示。

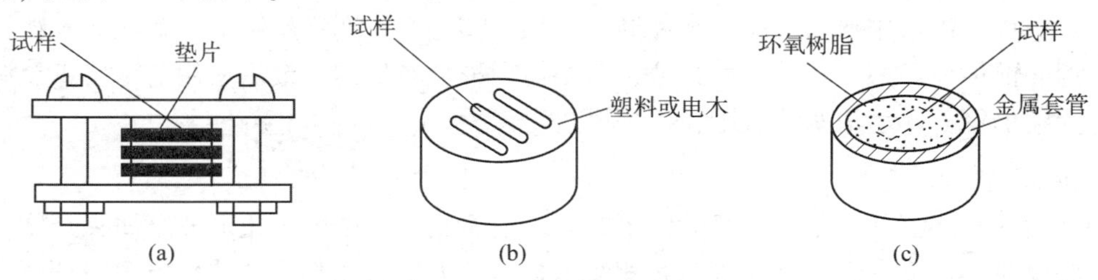

图 5. 6. 1　金相试件镶嵌方法

（a）机械镶嵌法；（b）塑料镶嵌法；（c）环氧树脂冷嵌

（1）机械镶嵌法：用不同的夹具将不同外形的试件夹持。夹持时，夹具与试件之间、试件和试件之间应放上填片，填片应采用硬度相近且电位高的金属片，以免浸蚀试件时发生反应，影响组织显示。

（2）塑料镶嵌法：在专用镶嵌机上进行，常用材料是电木粉。电木粉是一种酚醛树脂，不透明，有各种不同的颜色。镶嵌时在压模内加热加压，保温一定时间后取出。优点是操作简单，成型后即可脱模，不会发生变形；缺点是不适合淬火件。

对于一些不能加热和加压的试件可采用环氧树脂冷嵌法，读者可自行查阅相关资料，本书不再介绍。

2. 磨光

磨光的目的是得到平整光滑的表面。磨光分粗磨和细磨。

（1）粗磨：一般材料可用砂轮机将试件磨面磨平，软材料可用锉刀锉平。粗磨时要用水冷却，以防止试件受热改变组织。不需要检查表层组织的试件要倒角倒边。

（2）细磨：目的是消除粗磨留下的划痕，为下一步的抛光做准备，细磨又分为手工细磨和机械细磨。

①手工细磨：选用不同粒度的金相砂纸（180、240、400、600、800 号），由粗到细进行磨制。磨制时将砂纸放在玻璃板上，手持试件单方向向前推磨，切不可来回磨制，用力均匀，不宜过重。每换一号砂纸时，试件磨面需转 90°与旧划痕垂直，依此类推，直到旧划痕消失为止。试件细磨结束后，用水将试件冲洗干净待抛光。

②机械细磨：在专用的机械予磨机上进行。将不同号的水砂纸剪成圆形，置于予磨机圆盘上，并不断注入水，就可进行磨光。其方法与手工细磨一样，即磨好一号砂纸后，再换另一号砂纸，试件同样转 90°，直到 800 号为止。

3. 抛光

抛光的目的是去除试件磨面上经细磨留下的细微划痕，使试件磨面成为光亮无痕的镜面。

抛光有机械抛光、电解抛光、化学抛光等类别，其中最常用的是机械抛光。机械抛光在金相抛光机上进行。抛光时，试件磨面应均匀地轻压在抛光盘上，并将试件由中心至边缘轻微移动。在抛光过程中要以少量多次和由中心向外扩展的原则不断加入抛光微粉乳液，抛光应保持适当的湿度，因为湿度太高，会降低磨削力，使试件中的硬质相呈现浮雕；湿度太低，由于摩擦生热会使试件生温，使试件产生晦暗现象。合适的抛光湿度是以提起试件后磨面上的水膜在 3 ~ 5 s 内蒸发完为准。抛光压力不宜太大，时间不宜太长，否则会增加磨面的扰乱层。粗抛光可选用帆布、海军呢做抛光织物，精抛光可选用丝绒、天鹅绒、丝绸做抛光织物。抛光前期使用浓度较高的抛光液，后期使用浓度较低的，最后使用清水，直至试件成为光亮无痕的镜面。用清水冲洗干净后即可进行浸蚀。

4. 浸蚀

抛光后的金相试件置于金相显微镜下观察仅能看到铸铁中的石墨、非金属夹杂物。金相组织只有经过处理显示后才能看到。金相组织显示的方法有化学浸蚀法，电解浸蚀法，物理浸蚀法，常用的是化学浸蚀法。

化学浸蚀法就是利用化学试剂对试件表面进行溶解或电化学作用来显示金属的组织，常用的金相试剂如表5.6.1所示。纯金属及单相合金的浸蚀是一个化学溶解过程，因为晶界原子排列较乱，不稳定，在晶界上的原子具有较高的自由能，晶界处就容易被浸蚀而下凹，来自显微镜的光线在凹处就产生漫反射回不到目镜中，晶界呈现黑色，如图5.6.2（a）所示。二相合金的浸蚀与纯金属截然不同，它主要是一个电化学过程。因为不同的相具有不同的电位，当试件被浸蚀时，就形成许多微小的局部电池，具有较高负电位的一相为阳极被迅速溶解，而逐渐凹洼，具有较高正电位的一相为阴极，不被浸蚀，保持原有的平面。两相形成的电位差越大，浸蚀速度越快，在光线的照射下，2个相就形成了不同的颜色，凹洼的一相呈黑色，凸出的一相发亮呈白色，如图5.6.2（b）所示。

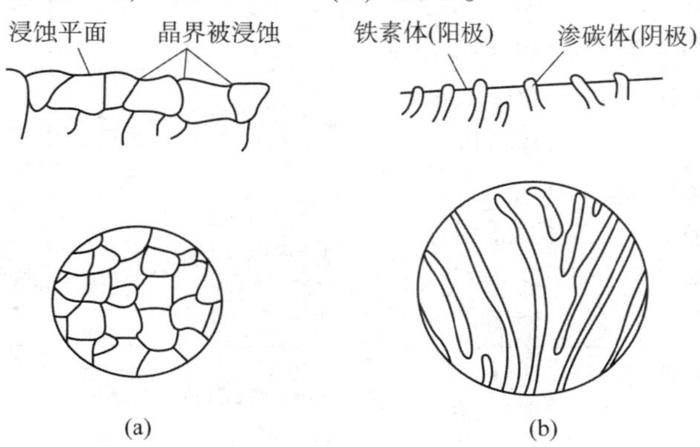

图5.6.2　单相合金和二相合金浸蚀示意图

（a）铁素体（单相合金）；（b）珠光体（二相合金）

表5.6.1　常用的金相试剂

序号	试剂名称	成分		适用范围	注意事项
1	硝酸酒精溶液	硝酸 酒精	1 ~ 5 mL 100 mL	显示碳钢及低合金钢的组织	硝酸含量按材料选择，浸蚀数秒钟
2	苦味酸酒精溶液	苦味酸 酒精	2 ~ 10 g 100 mL	黑钢铁材料的细密组织	浸蚀时间为数秒钟至数分钟
3	苦味酸盐酸酒精溶液	苦味酸 盐酸 酒精	1 ~ 5 g 5 mL 100 mL	显示淬火及淬火回火后钢的晶粒和组织	浸蚀时间较上例快数秒钟至1 min
4	苛性钠苦味酸水溶液	苛性钠 苦味酸 水	25 g 2 g 100 mL	可将钢中的渗碳体染成暗黑色	加热煮沸浸蚀5 ~ 30 min
5	氯化铁盐酸水溶液	氯化铁 盐酸 水	5 g 50 mL 100 mL	显示不锈钢、奥氏体高镍钢、铜及铜合金组织，显示奥氏体不锈钢的软化组织	浸蚀至显现组织
6	王水甘油溶液	硝酸 盐酸 甘油	10 mL 20 ~ 30 mL 30 mL	显示奥氏体镍铬合金等组织	先将盐酸与甘油充分混合，然后加入硝酸，试件浸蚀前先行用势火预热

续表

序号	试剂名称	成分		适用范围	注意事项
7	高锰酸钾苛性钠	高锰酸钾 苛性钠	4 g 4 g	显示高合金钢中碳化物、相等	煮沸使用，浸蚀 1 ~ 10 min
8	氨水双氧水溶液	氨水（饱和） H_2O_2（3%） 水溶液	50 mL 50 mL	显示铜及铜合金组织	随用随配，以保持新鲜，用棉花蘸擦
9	氯化铜氨水溶液	氯水（饱和） 氨水（饱和）	8 g 100 mL	同上	浸蚀 30 ~ 60 s
10	硝酸铁水溶液	硝酸铁 水	10 g 100 mL	显示铜合金组织	用棉花擦拭
11	混合酸	氢氟酸（浓） 盐酸 硝酸 水	1 mL 5 mL 2. 5 mL 95 mL	显示硬铝组织	浸蚀 10 ~ 20 s 或用棉花蘸擦
12	氢氟酸水溶液	氢氟酸（浓） 水	5 mL 99. 5 mL	显示一般铝合金组织	用棉花擦拭
13	苛性钠水溶液	苛性钠 水	1 g 90 mL	显示铝及合金组织	浸蚀数秒

【实验步骤】

（1）实验前认真阅读实验指导书，明确实验目的、任务。

（2）认真了解所使用的仪器型号、操作方法及注意事项。

（3）按实验内容制备一个合格的金相试件。

（4）认真观察制备的试件，并画出组织示意图。

【分析与思考】

根据自己的实践体会，说出在制备金相试件时应注意哪些事项。

第6章 液压与气动实验

6.1 液压传动基础实验

液压传动是将机械能转化为压力能，再由压力能转化为机械能而做功的能量转换传动机构。油泵产生的压力大小，取决于负载的大小，而执行元件液压缸按工作需要通过控制元件的调节提供不同的压力、速度及方向。理解液压传动的基本工作原理和基本概念，是完成本实验的关键。

【实验目的】

通过教师边实验演示、边讲解、边提出问题，学生能够进一步熟悉、掌握液压实验的基本操作，了解各种液压控制元件及其在系统中的作用，理解液压传动基本工作原理和基本概念。也可以在学生充分阅读理解实验指导书的基础上完成本实验，记录实验结果，回答指导书分析与思考中的问题。

【实验装置】

图6.1.1为液压基础实验系统图，是用带快速接头的软管分别连接各模块组成实验用的液压系统图。

液压基础实验系统的组成如下。

液压元件：油缸1只，单向调速阀（2FRM5）1只，单向节流阀（DRVP8）1只，先导式溢流阀（DB10）2只，直动式溢流阀（DBDH6P）1只，减压阀（DR6DP）1只，三位四通电磁换向阀（4WE6E）1只，二位三通电磁换向阀（3WE6A）1只，油泵（VP8）1只；

辅助元件：压力表2只，四通接头1只，三通接头3只，软管20支，流量计1台。

注意：接好液压回路之后，再重新检查各快速接头的连接部分是否连接可靠，最后请老师确认无误后，方可启动。

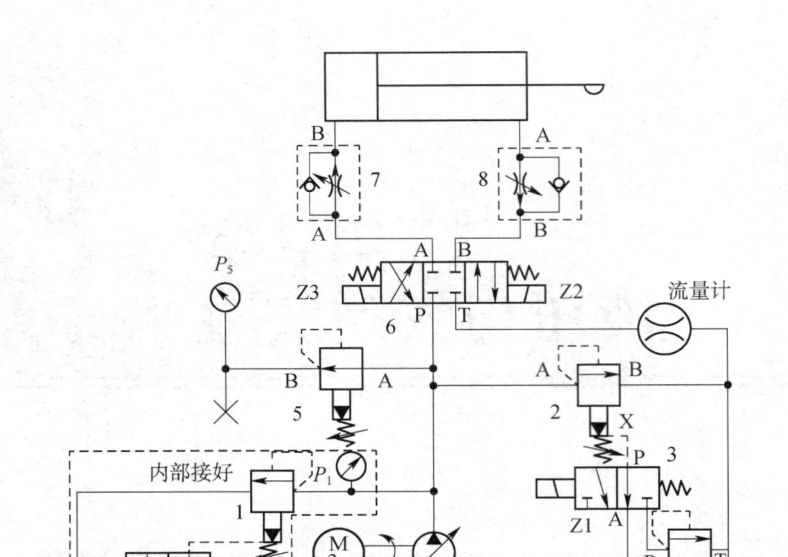

1、2—先导式溢流阀；3—二位三通电磁换向阀；4—直动式溢流阀；5—减压阀；
6—三位四通电磁换向阀；7—单向调速阀；8—单相节流阀。

图 6.1.1　液压基础实验系统图

【实验步骤】

1. 熟悉实验系统图

读懂如图 6.1.1 所示的液压系统，了解各液压元件的名称，熟悉液压职能符号及各液压元件在系统中的作用。

2. 压力控制

（1）溢流阀遥控口卸荷，减压阀出口暂不接油箱，Z1 不带电，开启泵 P_1 压力指示很小（主要是管路的阻力）并且不可调节，何故？

（2）溢流阀调压，Z1 得电，开启泵 P_1 指示值随阀 1 的调节而变化。

（3）远程调压，旋紧阀 4、阀 2，调节阀 1 为 5 MPa，再调节阀 2 为 4 MPa。松开阀 4，P_1 下降；旋紧阀 4，P_1 上升，但不超过 4MPa（Z1 得电）。

（4）限压（过载保护），调节阀 1 为 5 MPa，调节阀 2（旋紧阀 4），P_1 值随之变化，但不超过 5 MPa（Z1 得电）。

（5）减压，调节阀 1 为 5 MPa，调节减压阀 5 使 P_5 相应变化，最后调 P_5 为 4 MPa。用带快速接头的软管使减压阀出口回油箱，开启泵后 P_1、P_5 均无压力，何故？拆掉软管后 P_1 = 5 MPa，P_1 = 4 MPa。

（6）将上述压力控制实验结果记录于表 6.1.1，进一步分析，理解压力控制出现的现象、结果。

表 6.1.1　压力控制流程

压力控制模式	所用阀门	P_1	P_5	说明
卸荷	—			Z1 失电，减压阀出口接油箱
溢流阀调压	调节阀 1	变化		Z1 得电，阀 2、4、5 拧紧最后使 $P_1=5$ MPa
远程调压	调节阀 4			阀 1 为 5 MPa，阀 2 为 4 MPa
限压	调节阀 2			阀 1 为 5 MPa
减压	调节阀 5	5 MPa		减压阀出口不接油箱，$P_1=5$ MPa，最后阀 5 为 4 MPa
	—			减压阀出口接油箱

3. 方向控制

全开调速阀 7、节流阀 8，Z2 得电，缸的活塞杆向右运动，Z3 得电，活塞杆向左退回，说明换向阀可以控制油缸的运动方向（$P_1=5$ MPa）。

请记录：活塞杆向右运动时 $P_1=$________ MPa，活塞杆向左运动时 $P_1=$________ MPa，为什么？活塞到底后 $P_1=$________ MPa。

4. 速度控制

调节 $P_1=5$ MPa。

1）进油节流

（1）全开阀 8，调节阀 7 的不同开度，记录相应活塞杆向右运动速度（$v=\dfrac{4Q}{\pi(D^2-d^2)}$），流量计流量 Q 由数显表显示，油缸 $D=40$ mm，$d=25$ mm，油缸行程为 200 mm

（2）在阀 7 某个开度时，调节阀 8 的不同开度，记录活塞杆向右运动相应的运动速度（阀 8 模拟负载）。

2）回油节流

全开阀 7，调节阀 8 不同开度，记录活塞杆相应的运动速度。

上述 2 种调速方式，请注意活塞杆运动时和到底后的 P_1 值，将实验结果记录于表 6.1.2。

表 6.1.2　活塞杆向右运动速度和 P_1 值

控制阀状态	实验次数	缸向右运动		制阀状态	P_1	
		流量	速度		运动	到底
进油节流 调阀 7 开度	1			阀 8 全松		
	2					
	3					
进油节流 调阀 8 开度	1			阀 7 某一开度		
	2					
	3					

续表

控制阀状态	实验次数	缸向右运动		制阀状态	P_1	
		流量	速度		运动	到底
回油节流调阀8开度	1			阀7全开		
	2					
	3					

说明：如果流量计读数不稳定，可用秒表测油缸右行到底的时间，$v=s/t$，$s=200$ mm。

【分析与思考】

（1）溢流阀1、2的工作原理是什么？液压泵的工作压力由什么决定？

（2）减压阀5的工作原理是什么？

（3）溢流阀遥控口调压的工作原理？当溢流阀1压力调定为5 MPa，调节溢流阀4，P_1值为什么会变化？当拧紧阀4，系统压力为什么不超过5 MPa？

（4）方向阀在液压系统中的作用是什么？

（5）节流阀在液压系统中的作用是什么？改变节流阀的开度，为什么能引起液压缸运动速度变化？

（6）调速阀7处于某开度，改变阀8的开度（模拟负载），活塞杆右行速度为什么变化很小？

（7）为什么减压阀5出口B_5通油箱时P_1、P_5没有压力，而B_5封闭时系统能正常工作？

6.2 液压泵性能实验

【实验目的】

深入理解定量叶片泵的静态特性，着重测试液压泵静态特性；分析液压泵的性能曲线，了解液压泵的工作特性；掌握小功率液压泵性能的测试方法，学会使用测试用实验仪器和设备。

【实验内容】

测试液压泵的下列特性：

（1）液压泵的压力脉动值；

（2）液压泵的流量-压力特性；

（3）液压泵的容积效率-压力特性；

（4）液压泵的总效率-压力特性。

【实验仪器与设备】

QCS003B型液压教学实验台。

【实验方法】

液压泵把原动机机械能输入（T，n）转化为液压能（p，q_v）输出，送给液压执行机构。由于泵内存在泄漏（用容积效率 η_v 表示），摩擦损失（用机械效率 η_m 表示）和液压损失（此项损失较小，通常忽略），因此泵的输出功率必定小于输入功率，总效率为：$\eta=\eta_v\eta_m$；要直接测定 η_m 比较困难，一般测出 η_v 和 η，然后算出 η_m。

图6.2.1为液压泵的液压系统原理图，图中8为被试液压泵，它的进油口装有线隙式滤油器22，出油口并联有溢流阀9和压力表 P_6，液压泵输出的油液经节流阀10和椭圆齿轮流量计20流回油箱，用节流阀10对液压泵加载。

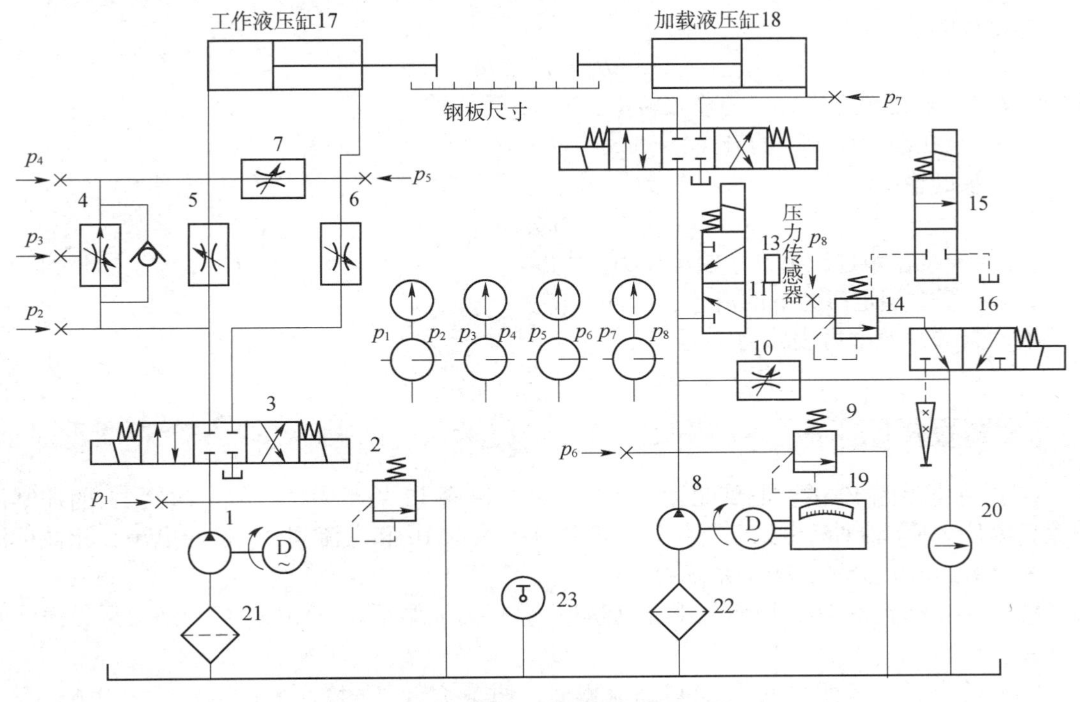

图6.2.1　液压泵的液压系统原理图

1. 液压泵的压力脉动值

把液压泵8的压力调到额定压力，观察记录其脉动值，看是否超过规定值。测量时，压力表 P_6 不能加接阻尼器。

2. 液压泵的流量-压力特性（q_v-p）

通过测定液压泵8在不同工作压力下的实际流量，得出它的流量-压力特性曲线 $q_v=f(p)$。调节节流阀10即得到液压泵的不同压力，可通过 P_6 观测。不同压力下的流量用流量计和秒表确定。压力调节范围从0开始（此时对应的流量为空载流量），到被试泵额定压力的1.1倍为宜。

3. 液压泵的容积效率-压力特性（η_v-p）

容积效率=满载排量（公称转速下）/空载排量（公称转速下）

　　　　=满载流量×空载转速/（空载流量×满载转速）

若电动机的转速在液压泵处于额定工作压力及零压时基本上相等（即 $n_{额}=n_{空}$），则

$$\eta_v = q_v / q_{vt}$$

式中：q_v ——泵的额定流量，L/min；

q_{vt} ——泵的理论流量，L/min。

在实际生产中，泵的理论流量一般不用液压泵设计时的几何参数和运动参数计算，通常以空载流量代替理论流量。本实验中应在节流阀 10 的通流截面积为最大的情况下测出泵的空载流量。

4. 液压泵总效率-压力特性（$\eta - p$）

$$\eta = P_o/P_i \text{ 或 } P_o = P_i \times \eta = P_i v_m$$

液压泵的输入功率

$$P_i = Tn/974$$

式中：T——泵在额定压力下的输入转矩，N · m；

n——泵在额定压力下的转速，r/min。

液压泵的输出功率

$$P_o = pq_v/612$$

式中：p——泵在额定压力下的输出压力 10^4 Pa；

q_v——泵在额定压力下的流量，L/min。

液压泵的总效率可表示为

$$\eta = P_o/P_i = 1.59pq_v/Tn$$

【实验步骤】

（1）将电磁阀 12 的控制旋钮置于零位，使电磁阀 12 处于中位；将电磁阀 11 的控制旋钮置于零位，使阀 11 断电处于下位。全部打开节流阀 10 和溢流阀 9，接通电源，让被试液压泵 8 空载运转几分钟，排出系统内的空气。

（2）关闭节流阀 10，慢慢关小溢流阀 9，将压力 p 调至 0.7 MPa，然后用锁母将溢流阀 9 锁住。

（3）逐渐开大节流阀 10 的阀口通流截面，使系统压力 p 降至泵的额定压力 0.63 MPa，观测被试泵的压力脉动值（做两次）。

（4）全开节流阀 10，使液压泵 8 的压力为 0（或接近 0），此时的流量即为空载流量。再逐渐关小节流阀 10 的通流截面，作为泵 8 的不同负载，对应测出压力 p、流量 q_v 和电动机的输入功率 $P_{表}$。注意，节流阀每次调节后，须运转 1 ~ 2 min 后，再测量有关数据。其中，压力 p 为从压力表 P_6 上直接读数；流量 q_v 为用秒表测量椭圆齿轮流量计指针旋转一周所需时间，可根据公式 $q_v=60\Delta V/t$（t 为对应容积变化量 ΔV 所需的时间），求出流量 q_v，电动机的输入功率 $P_{表}$ 可从功率表 19 上直接读取（电动机效率曲线由实验室给出）。

（5）将上述所测数据填入实验记录表。

【实验记录与要求】

（1）填写液压泵技术性能指标；

（2）填写实验记录表；

（3）绘制液压泵工作特性曲线：用坐标纸绘制 $q_v - p$、$\eta_v - p$、$\eta - p$ 共 3 条曲线；

（4）分析实验结果。

【分析与思考】

（1）液压泵的工作压力大于额定压力时能否使用？为什么？
（2）从 $\eta-p$ 曲线中得到什么启发（从泵的合理使用方面考虑）？
（3）在液压泵特性实验液压系统中，溢流阀 9 起什么作用？
（4）节流阀 10 为什么能够对被试泵加载？

6.3　小孔压力-流量特性实验

【实验目的】

（1）学会小孔压力-流量特性的实验方法；
（2）实测小孔压力-流量特性和理论推导值作比较。

【实验内容】

液压流体力学的基本知识，是分析、设计以至使用液压传动系统必要的理论基础。小孔压力-流量特性是流体运动的重要概念之一。

$L/d \geqslant 4$ 时为细长孔，$Q=\pi d^4 \Delta P/128\eta L$；

$L/d \leqslant 0.5$ 时为薄壁小孔，$Q=CA\sqrt{2\Delta P/\rho}$，$C=0.6 \sim 0.62$。

本实验为细长孔（直径为 1.2 mm，长度为 6 mm）的压力-流量特性实验。

细长孔在层孔围内，其压力-流量特性应为线性关系。

【实验装置】

用带有快速接头的液压软管，根据图 6.3.1（a）组成液压回路。

注意：接好液压回路之后，再重新检查各快速接头是否连接可靠，最后请老师确认无误后，方可启动。

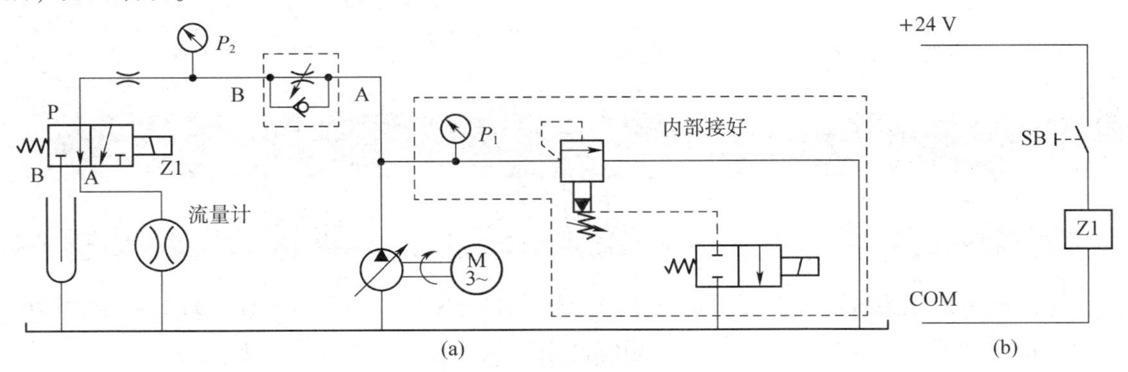

图 6.3.1　液压回路与电气控制部分

（a）液压回路；（b）电气控制部分

回路中 P_1 为泵的出口压力，P_2 为小孔前的压力，通过调节节流阀改变小孔的流量，大流量时用流量计测得，小流量时用量杯测得，用容积法算得单位时间里通过小孔的流量。

【实验步骤】

（1）旋紧节流阀，调溢流阀（带溢流阀泵源），使得出口压力 P_1 为 5 MPa，Z1 得电，关紧量杯的放油口；

（2）全开节流阀，Z1 不得电；

（3）测得通过小孔的流量，同时读小孔前的压力 P_2；

（4）通过调节流阀的开口量，从小到大逐点记录于表格内。

【实验数据及结果】

将实验数据记录于表 6.3.1。

表 6.3.1　小孔压力–流量特性实验结果

序号	1	2	3	4	5	6	7	8
P_2/MPa								
V/L								
T/s								
Q/（L · min^{-1}）								

【绘制实验曲线】

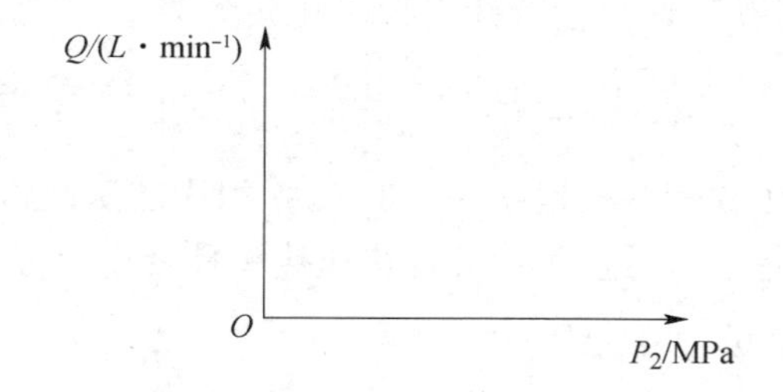

6.4　溢流阀特性实验

【实验内容】

溢流阀是液压系统的控制元件部分中应用最广的液压元件，基本工作原理为液压力与弹簧力平衡，调节弹簧的压缩量就能得到相应的输出压力值。实验内容如下：

（1）测定溢流阀的调压范围、卸荷压力、内泄漏量；

（2）绘制溢流阀的启闭特性曲线，如图 6.4.1 所示。

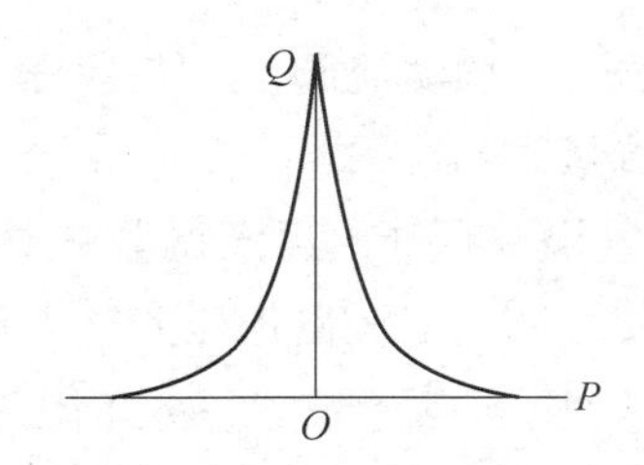

图 6.4.1　溢流阀的启闭特性曲线

【实验装置】

用带有快速接头的液压软管，根据图 6.4.2（a）组成液压回路。

注意：接好液压回路之后，再重新检查各快速接头是否连接可靠，最后请老师确认无误后，方可启动。

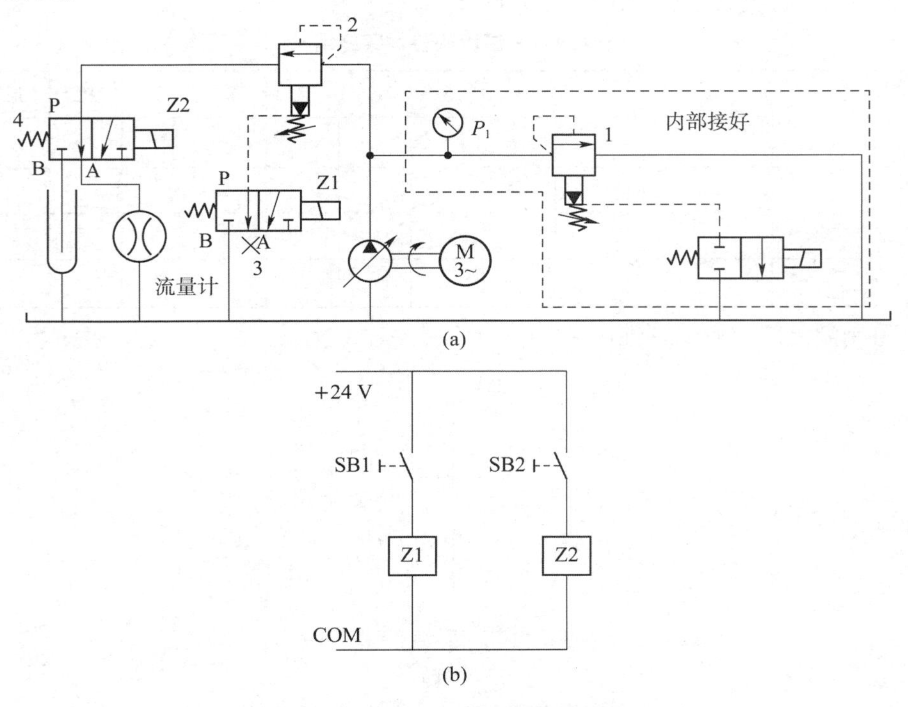

图 6.4.2　液压回路与电气控制部分

（a）液压回路；（b）电气控制部分

【实验步骤】

（1）旋紧溢流阀 2，调溢流阀 1，使得液压泵的出口压力为 5 MPa（即 $P_1=5$ MPa）。

（2）测定调压范围。松开被试溢流阀 2，使之卸荷。再将溢流阀 2 最低压力慢慢调至调定压力 5 MPa，确定压力调节范围（Z2、Z1 均失电）。

（3）测定卸荷压力。电磁阀 3 得电使被试溢流阀 2 卸荷，测得该阀出口压 P（出口压力不计）。

（4）测定内泄漏。旋紧溢流阀2，调溢流阀1，使 P_1 显示为5 MPa，电磁阀4得电，用量杯测得被试溢流阀回油口泄漏流量。

（5）绘制启闭特性曲线。旋紧溢流阀1，逐渐调紧被试阀2，使 $P_1=4$ MPa，锁定阀2的调节手柄，放松阀1使系统卸荷，调阀1缓慢加压。逐点记录 P_1 和流量 q，直到调定压力（4 MPa）。然后调溢流阀1，逐点降压逐点记录 P_5、q（溢流阀1逐点加压，降压时不允许来回微调）。

注意：输入量杯流量过多时，及时使Z2失电，以免油溢出量杯，大流量时用流量计测得。

【数据记录及实验结果】

（1）被试阀的调压范围：________ MPa　卸荷压力：________ MPa　内泄漏量：________ L/min。将实验数据记录于表6.4.1。

表6.4.1　溢流阀特性实施结果

序号	1	2	3	4	5	6	7	8	9	10	11	12
P_1/MPa												
V/L												
T/S												
Q/（L·min^{-1}）												

（2）绘制溢流阀的启闭特性。

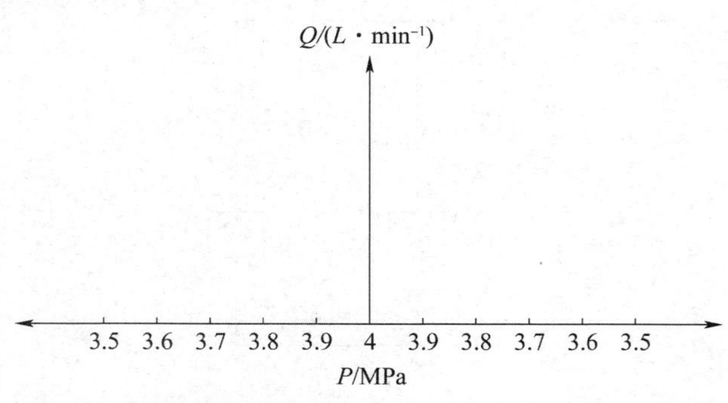

（3）按实验规范，溢流阀额定流量 Q_H 的1%所对应的压力为溢流阀的开启压力或闭合压力，开启压力/额定压力=开启率，闭合压力/额定压力=闭合率。

则被试阀：开启压力________ MPa

闭合压力________ MPa

开启率=________%

闭合率=________%

（4）说明：实验用的被测试溢流阀其额定 P、Q 和测试选用的 P、Q 不同，故测试结果不代表该阀的性能，只是用于掌握测试方法。

6.5　调速阀特性实验

【实验内容】

调速阀为定差减压阀和节流阀的组合，该阀调节流量时，基本不受负载的影响，且输出流量基本稳定。实验内容如下：

（1）旋转调速阀调节手轮，调节阀的输出流量（顺时针阀口开大），测阀的调节范围。

（2）调速阀进出口压力变化对输出流量有一定影响，测 P-Q 变化特性曲线。

【实验装置】

用带有快速接头的液压软管，根据图 6.5.1（a）组成液压回路。

注意：接好液压回路之后，再重新检查各快速接头是否连接可靠，最后请老师确认无误后，方可启动。

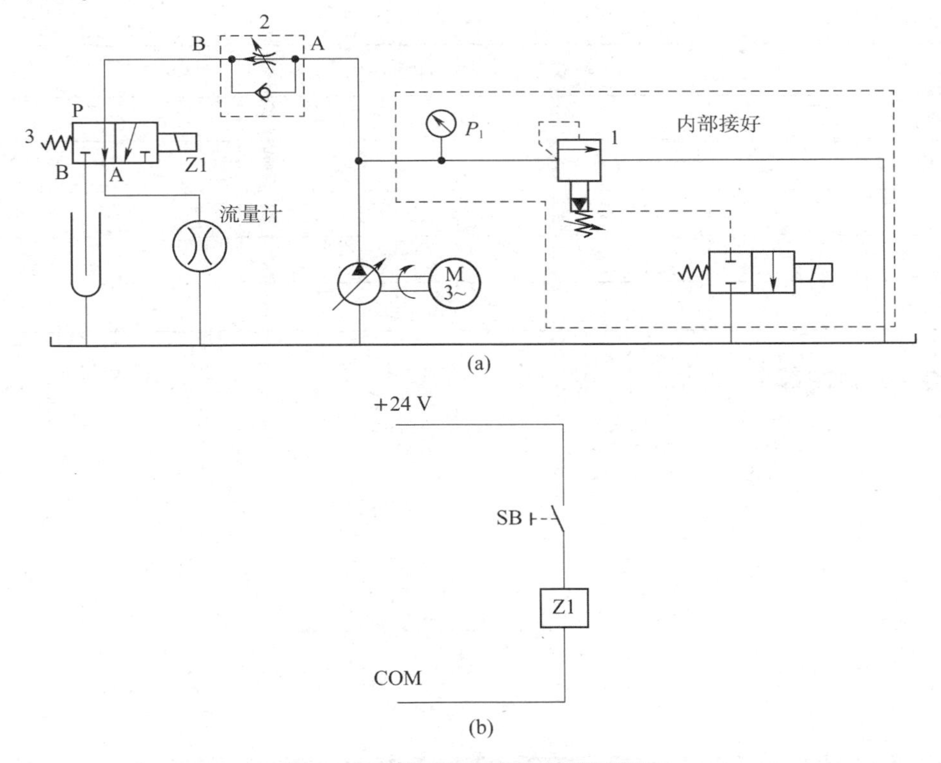

图 6.5.1　液压回路与电气控制部分

（a）液压回路；（b）电气控制部分

【实验步骤】

1. 流量调节范围

（1）电磁换向阀 3 的 Z1 失电，旋紧单向调速阀 2，调溢流阀 1，使出口压力 P 为 4 MPa，关紧量杯的放油口。

（2）电磁换向阀 3 的 Z1 得电，旋松单向调速阀 2 使之输出流量，通过逐步调节单向调速阀 2，由量杯测得输出流量，大流量用流量计测得（Z1 失电）。

（3）单向调速阀 2 的调节手轮从全松–全紧–全松连续转 3 次，在单向调速阀小流量和大流量时分别测得相应流量。

2. 进口压力–输出流量测试

在单向调速阀小流量和大流量时，分别调溢流阀 1，从低压到高压并测单向调速阀的进口压力 P_1，相应的输出流量逐点记录于表 6.5.1 和表 6.5.2。

表 6.5.1　小流量 P_1–Q

序号	1	2	3	4	5	6
P_1/MPa						
V/L						
T/s						
Q/（$\mathrm{L\cdot min^{-1}}$）						

表 6.5.2　大流量 P_1–Q

序号	1	2	3	4	5	6
P_1/MPa						
V/L						
T/s						
Q/（$\mathrm{L\cdot min^{-1}}$）						

【绘制实验曲线】

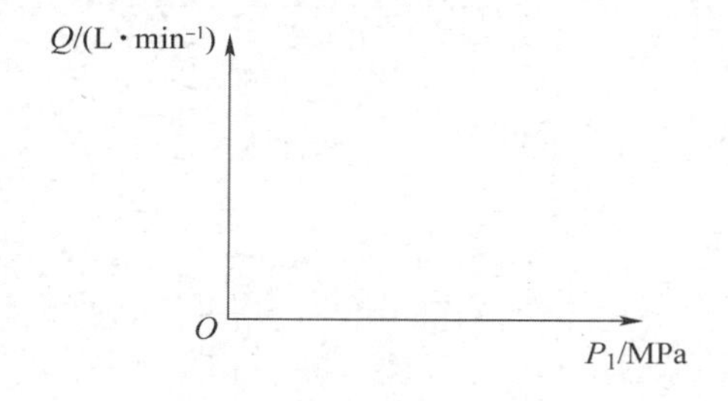

6.6　换向阀特性实验

【实验内容】

换向阀是以一定的形式完成油路的通断，达到换向的目的。实验内容如下。

（1）换向特性：按实验规范，换向阀两端电磁铁连续得电、失电 10 次，换向应可靠。

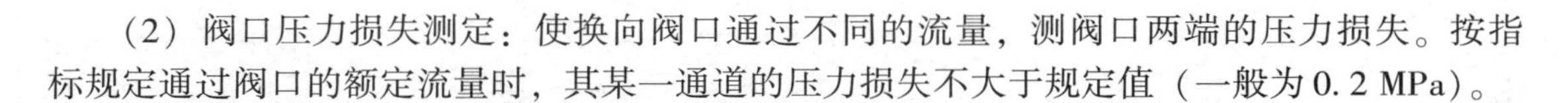

（2）阀口压力损失测定：使换向阀口通过不同的流量，测阀口两端的压力损失。按指标规定通过阀口的额定流量时，其某一通道的压力损失不大于规定值（一般为 0.2 MPa）。

【实验装置】

用带有快速接头的液压软管，根据图 6.6.1 组成液压回路。

注意：接好液压回路之后，再重新检查各快速接头是否连接可靠，最后请老师确认无误后，方可启动。

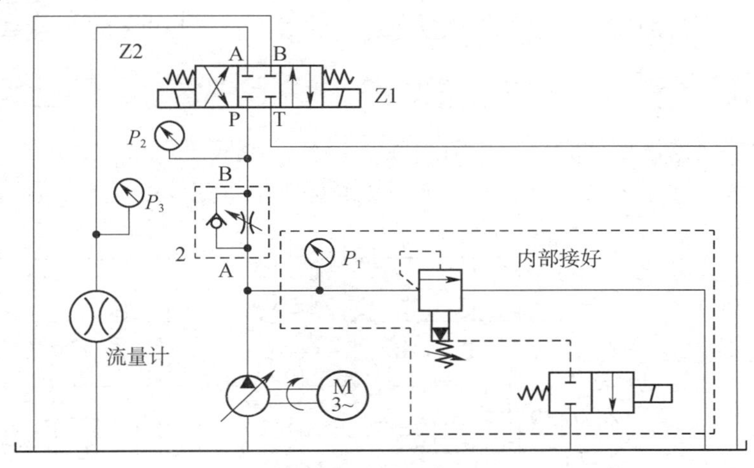

图 6.6.1　液压回路

【实验步骤】

（1）调溢流阀使 $P_1 = 5$ MPa。

（2）全开节流阀 2 后，Z2 得电，换向阀右位，液压油直接回油箱。Z1 得电，P_3 有压力，流量计有显示。Z1、Z2 均失电，$P_1 \approx 5$ MPa，连续换向 10 次，换向阀换向可靠即可。

（3）Z2 得电，调节节流阀开口使换向阀一个阀口通过不同流量，同时记录该阀口相应的压差 $\Delta P(\Delta P = P_2 - P_3)$。$P_2$、$P_3$ 均由精密压力表测得，流量由流量计测得。

【数据记录】

将实验数据记录于表 6.6.1。

表 6.6.1　换向阀特性实验结果

序号	1	2	3	4	5	6
P_2/MPa						
P_3/MPa						
ΔP						
Q/（$\mathrm{L \cdot min^{-1}}$）						

6.7 油缸特性实验

【实验内容】

液压缸为液压系统执行元件，用于完成压力能转换为机械能的直线运动输出。本实验介绍液压缸部分实验项目的实验方法、实验规范，并完成全行程长度和缸负载效率的测定。

【实验装置】

用带有快速接头的液压软管，根据图 6.7.1（a）组成液压回路。

注意：接好液压回路之后，再重新检查各快速接头是否连接可靠，最后请老师确认无误后，方可启动。

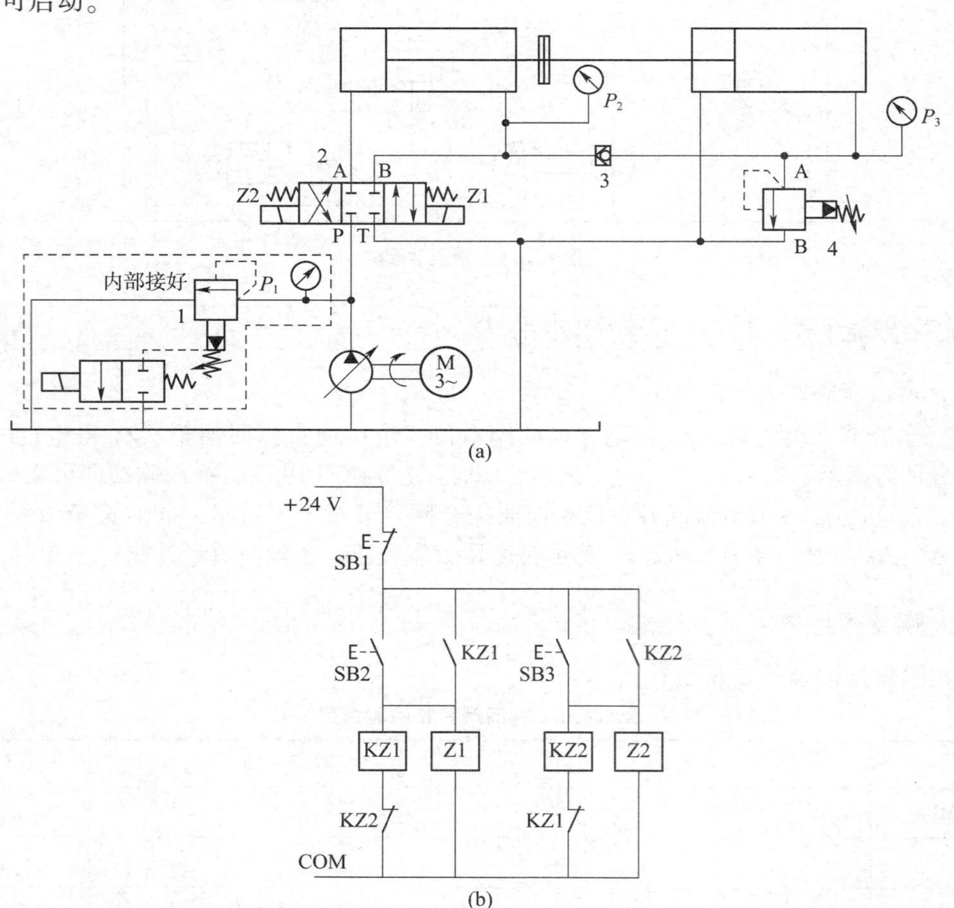

图 6.7.1 液压回路与电气接线图

（a）液压回路；（b）电气接线图

【实验步骤】

（1）调阀 1 使 $P_1 = 5$ MPa。

（2）全松阀 4，Z1 得电，主液压缸活塞杆右行；Z2 得电，活塞杆左行。油缸全行程反复运动 10 次。

（3）全行程长度：测量油缸全行程、活塞杆伸出长度。

（4）负载效率测定：加载缸用阀 4 加载，P_3 为加载压力。

调节阀 4 逐渐加大负载，测主油缸活塞杆向右运动时 P_1、P_2、P_3 的值。缸效率 $\eta = F/PA = P_3 \dfrac{\pi D^2}{4} \Big/ \left(P_1 \dfrac{\pi D^2}{4} - P_2 \dfrac{\pi(D^2 - d^2)}{4}\right)$，其中 $D = 40$ mm，$d = 25$ mm。

【实验数据】

将实验数据记录于表 6.7.1。

表 6.7.1　油缸负载不同时的效率

序号	1	2	3	4	5	6
P_1/MPa						
P_2/MPa						
P_3/MPa						
效率/%						

6.8　基本回路实验

【实验目的】

（1）通过实验深入理解液压缸、溢流阀、电磁换向阀、节流阀、压力继电器等液压元件的结构，性能及用途；

（2）掌握基本的压力控制回路、速度调节回路和方向控制回路的工作过程及原理；

（3）学会使用液压元器件设计顺序动作回路，提高解决问题的能力。

【实验内容及步骤】

1. 压力控制回路

1）压力调节回路

按照图 6.8.1 连接油路，调节阀 1，观察 P_1 随之变化的情况。

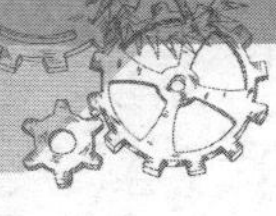

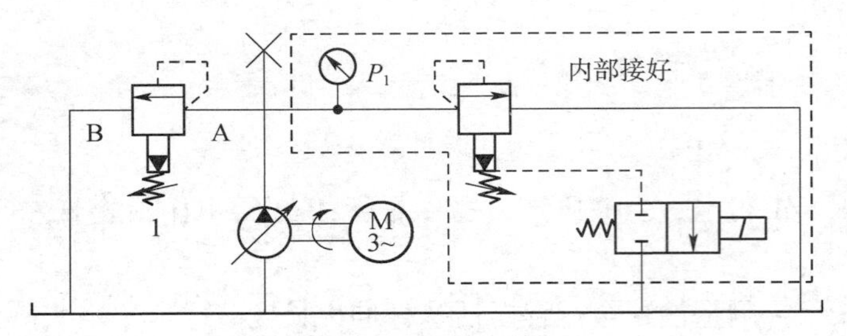

图 6.8.1　压力调节回路

2）两溢流阀调压回路

（1）串联。按照图6.8.2连接油路，调节阀1，使 $P_1=5$ MPa。调节阀2和阀3，观察 P_1 值的变化。

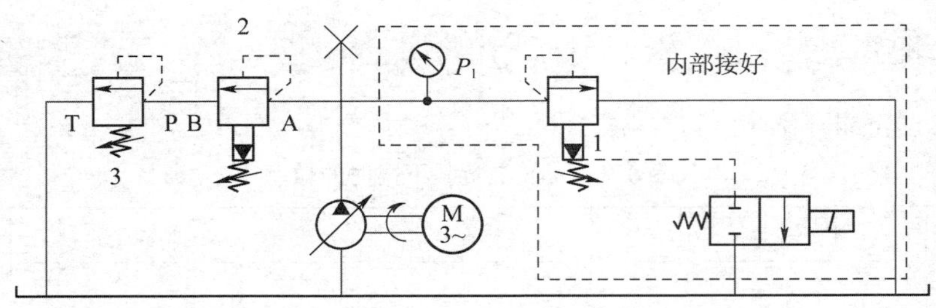

图 6.8.2　两溢流阀串联调压油路

（2）并联。按照图6.8.3连接油路，调节阀1，使 $P_1=5$ MPa。调节值为阀2和阀3，观察 P_1 值的变化。

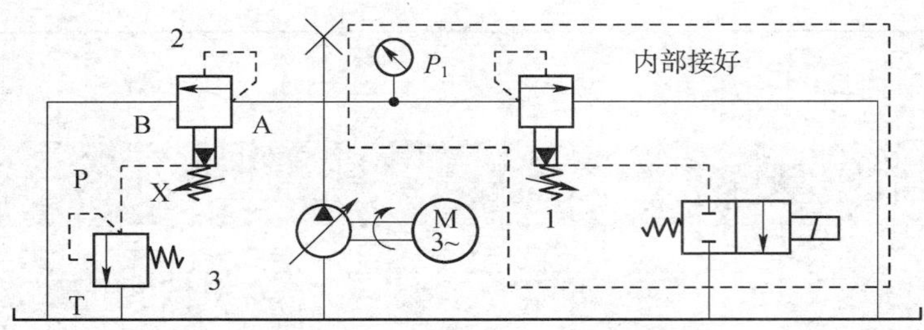

图 6.8.3　两溢流阀并联调压油路

3）减压回路

如图6.8.4所示，Z1不得电，油缸活塞杆右行到底，调节阀1使 $P_1=5$ MPa，调阀2使 $P_2=3$ MPa（调减压压力），在表6.8.1中记录 P_1、P_2 的值

表 6.8.1　压力记录表

油缸工活塞杆状态	P_1/MPa	P_2/MPa
油缸活塞杆运动		
油缸活塞杆到底		

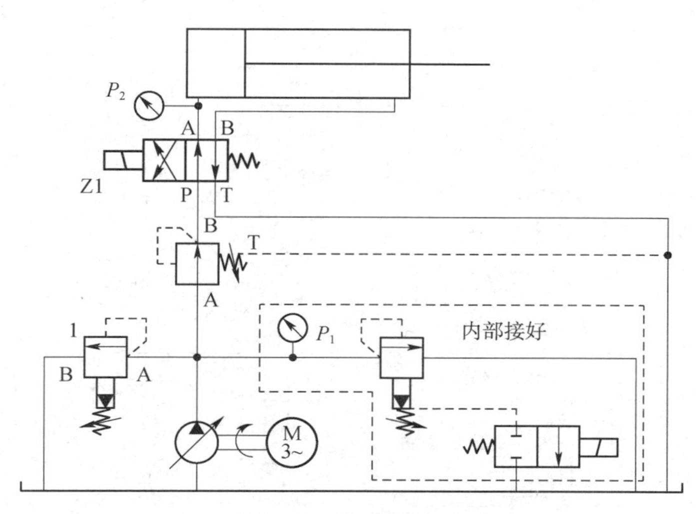

图 6.8.4　减压回路

4）换向阀卸荷回路

如图 6.8.5 所示，Z1 失电，调阀 1 使 $P_1=5$ MPa；Z1 得电，泵卸荷，P_1 值为泵回油管阻力值。

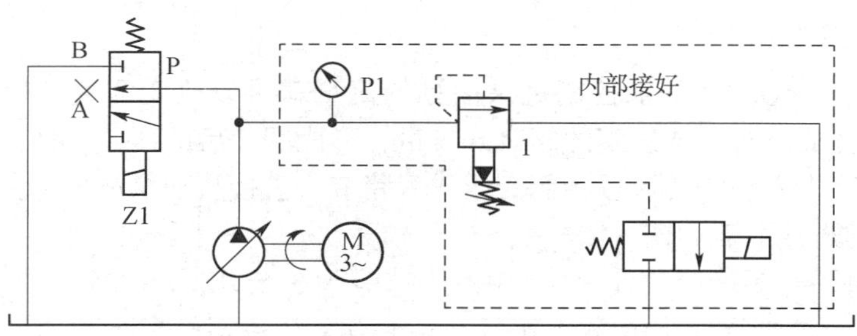

图 6.8.5　换向阀卸荷回路

5）溢流阀遥控口卸荷及限压

如图 6.8.6 所示，通过旋动面板上的加载卸荷旋钮，来使电磁阀得电与失电。当旋到加载时，调溢流阀 1，使 $P_1=5$ MPa；当旋到卸荷时，调溢流阀将不起作用。

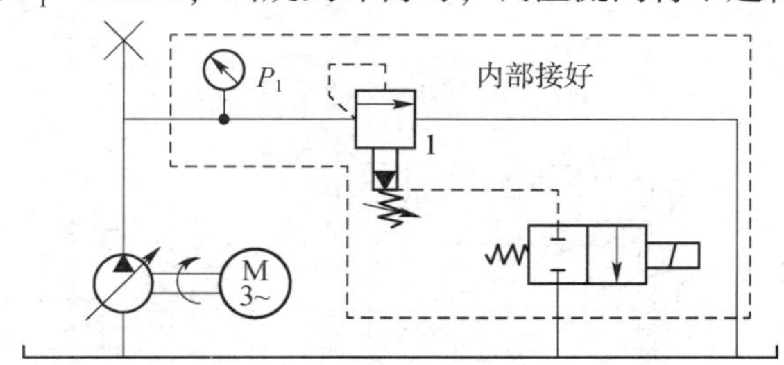

图 6.8.6　溢流阀遥控口卸荷及限压回路

6）顺序阀平衡回路

如图 6.8.7 所示，Z1 得电，阀 3 为单向顺序阀，开泵油缸活塞杆后退，到底后调节阀 1 使 $P_1=3$ MPa。旋紧阀 3 的调压弹簧后，Z1 失电，活塞杆不前进，逐渐调小阀 3 的压力，直到活塞杆前进，并记录此时 P_2 的值，并与理论计算 P_2 的值进行比较。油缸 $D=40$ mm，$d=25$ mm。

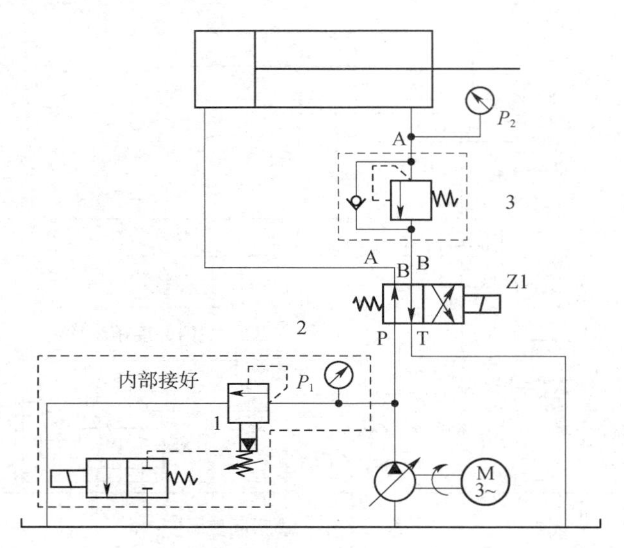

图 6.8.7　顺序阀平衡回路

以上不同的压力回路，经实验演示后，请自行思考，用压力阀和液压系统基本工作原理、阀的结构等方面去解释上述实验结果。

2. 速度调节回路

油缸运动速度 $v=Q/A$，一般控制进入油缸的流量就可以改变活塞杆运动速度。定压式节流调速采用改变节流阀、调速阀的阀口开口量，形成阀前后的压差，使油泵部分油从溢流阀溢出，从而调节进入油缸的流量；而变压式旁路节流直接从油泵放掉部分流量。

1）节流阀的进油节流调速

如图 6.8.8 所示，调阀 1，使 P_1=5 MPa，节流阀 3 全开，Z1 得电，活塞杆右行，速度不变化。Z2 得电，油缸退回。关小节流阀 3，Z1 得电，活塞杆右行，速度变慢。同时观察 P_1、P_2 的值，记录在表 6.8.2 中。

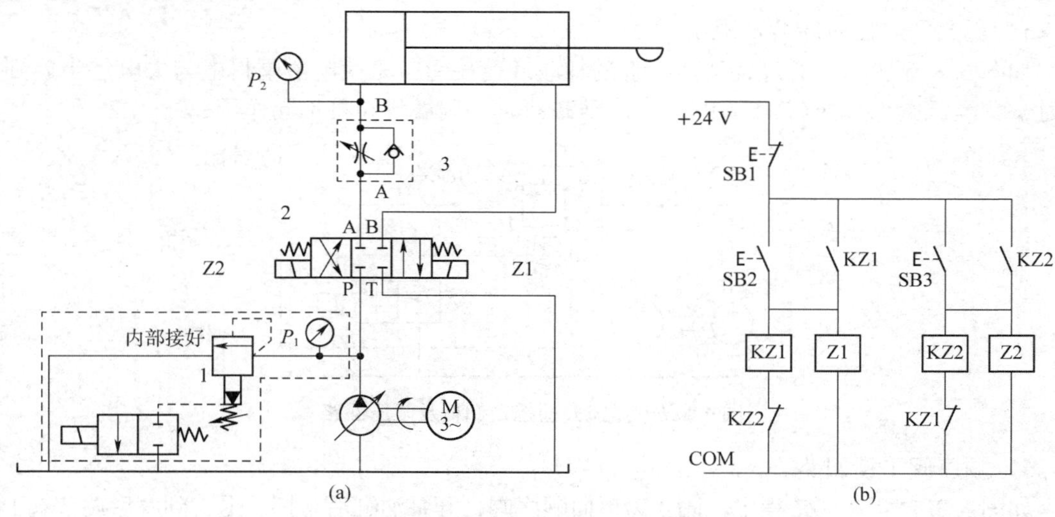

图 6.8.8　进油节流调速回路及电控图

（a）调速回路；（b）电控图

表 6.8.2　压力速度记录表

阀状态	缸状态	P_1/MPa	P_2/MPa	速度变化
节流阀全开	缸运动			
	缸到底			
节流阀关小	缸运动			
	缸到底			

2）节流阀的旁路节流调速

如图 6.8.9 所示，调阀 1，使 $P_1=5$ MPa，随着节流阀开大，观察缸速度减小还是增加、P_1 值在缸运动时增加还是减小。

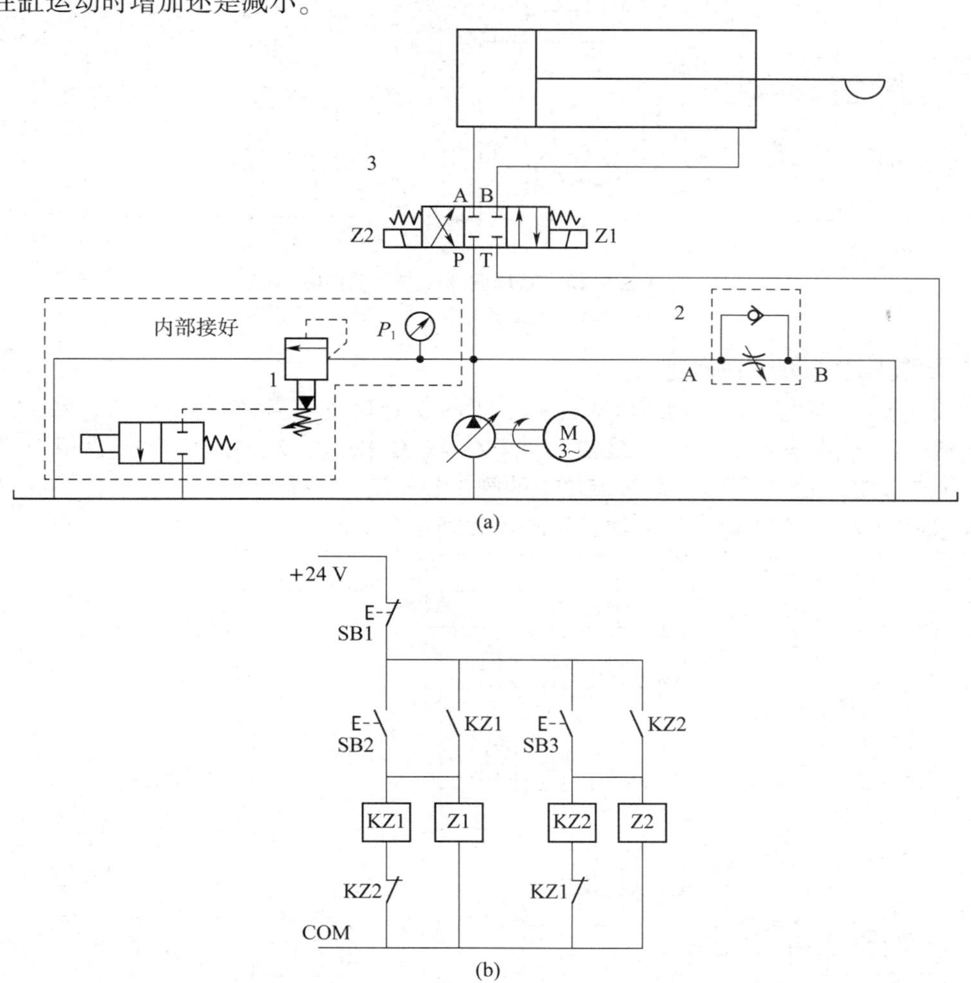

图 6.8.9　旁路节流调速回路及电控图

（a）调速回路；（b）电控图

3）调速阀调速回路

参照图 6.8.8 和图 6.8.9，把系统中的单向节流阀（DRVP8）换成单向调速阀（2FRM5）进行同样实验，此处不再赘述。

4）调速阀的短接调速回路

如图 6.8.10 所示，阀 4 的 Z1 得电，活塞向右运动时，缸回油通过阀 4，调速阀不起作用，不能改变油缸运动速度；阀 4 的 Z1 失电时，阀 4 关闭，缸回油通过调速阀节流，缸速度减慢。

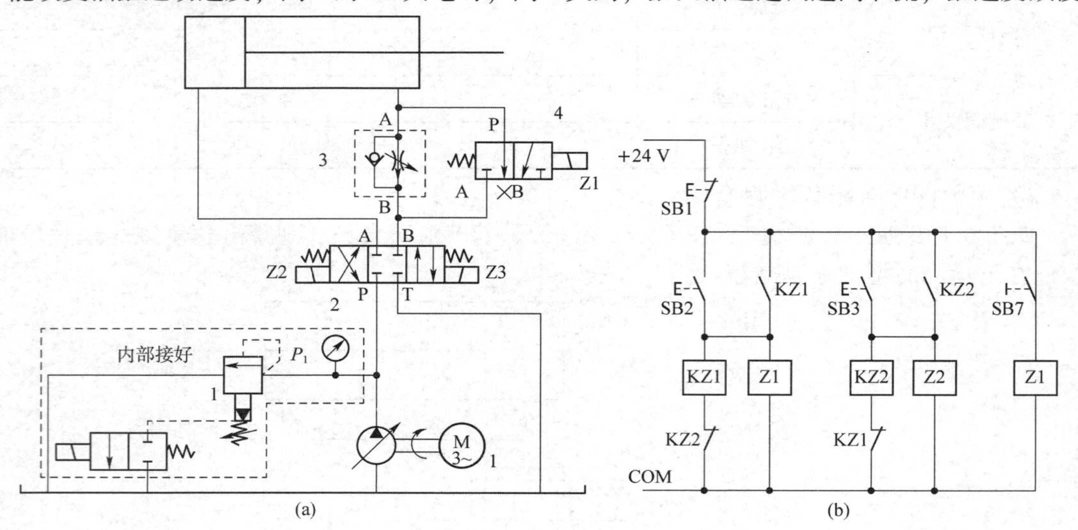

图 6.8.10　短接调速回路及电控图

（a）调速回路；（b）电控图

5）调速阀的串联调速回路

如图 6.8.11 所示，调节调速阀 3 开口小于阀 5 开口量。当 Z3 得电，Z1、Z2 失电，系统不节流，缸运动速度不改变（最快）；当 Z3 和 Z2 得电，Z1 失电，系统为 Ⅰ Ⅰ 进（稍慢）；当 Z3、Z1、Z2 均得电，则节流口小的阀 3 起作用，系统为Ⅱ Ⅰ 进（慢）。缸往返运动时，Z4 得电，Z1、Z2 失电，压力油通过阀 4 和阀 6 左路返回。

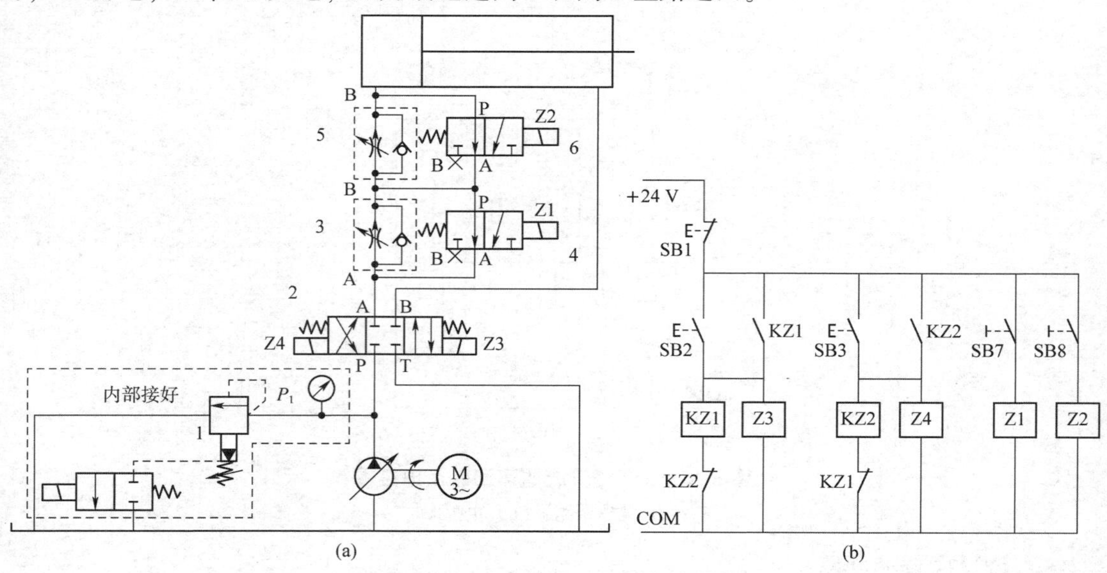

图 6.8.11　串联调速回路及电控图

（a）调速回路；（b）电控图

6）调速阀的并联调速回路

如图6.8.12所示，调速阀3和4并联，两种进给速度不会相互影响，但是采用这种回路，在调速阀通过流量较大时，速度换接时会造成缸运动的前冲。在实验时观察是否存在前冲现象，思考前冲原因是什么，如何消除。

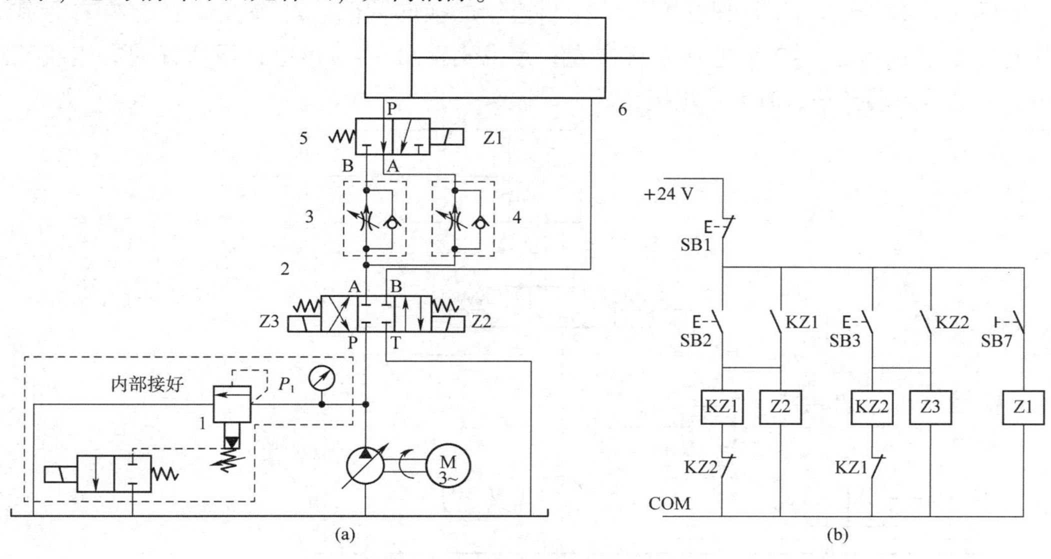

图6.8.12　并联调速回路及电控图

（a）调速回路；（b）电控图

7）差动快速回路

如图6.8.13所示，Z2、Z1均得电，缸右行差动；Z1失电、Z2得电，缸右行不差动。为什么差动时缸右行速度快？理论计算$V=$？（$D=40$ mm，$d=25$ mm。）

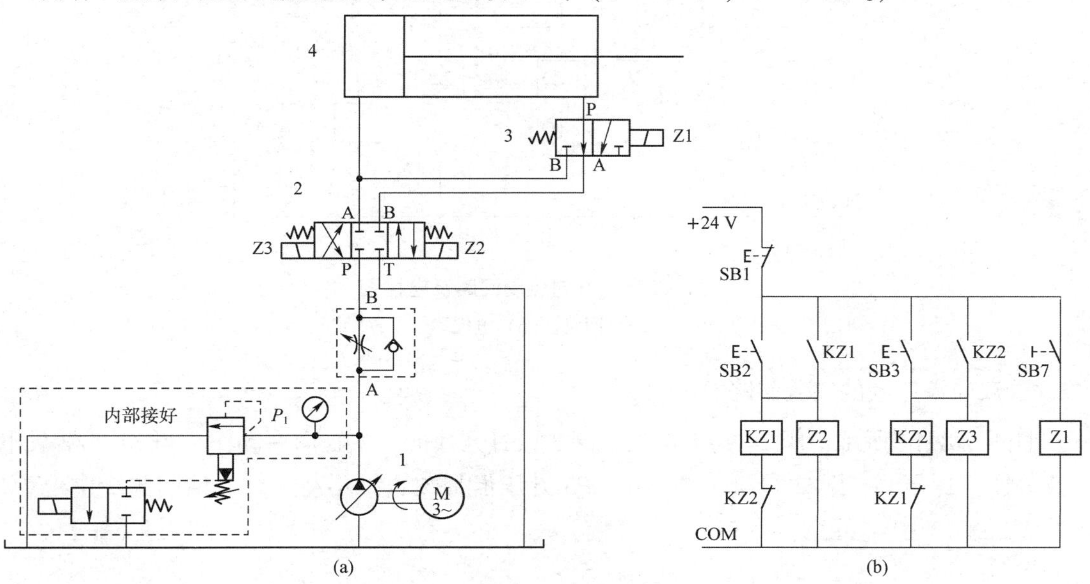

图6.8.13　差动快速回路及电控图

（a）回路；（b）电控图

在测试中，由于管道阻力的影响，差动时速度不一定会快，所以在 P 进口处加一节流阀，以减小流量，使差动效果明显。

3. 方向控制回路

如图 6.8.14 所示，用行程开关自动控制连续的换向回路。Z1 得电，活塞杆右行到底；行程开关 B 发送信号，Z2 得电活塞杆向左；A 发送信号，Z1 得电，活塞杆向右连续往返。其中，SB2 是启动按钮，SB1 停止按钮。

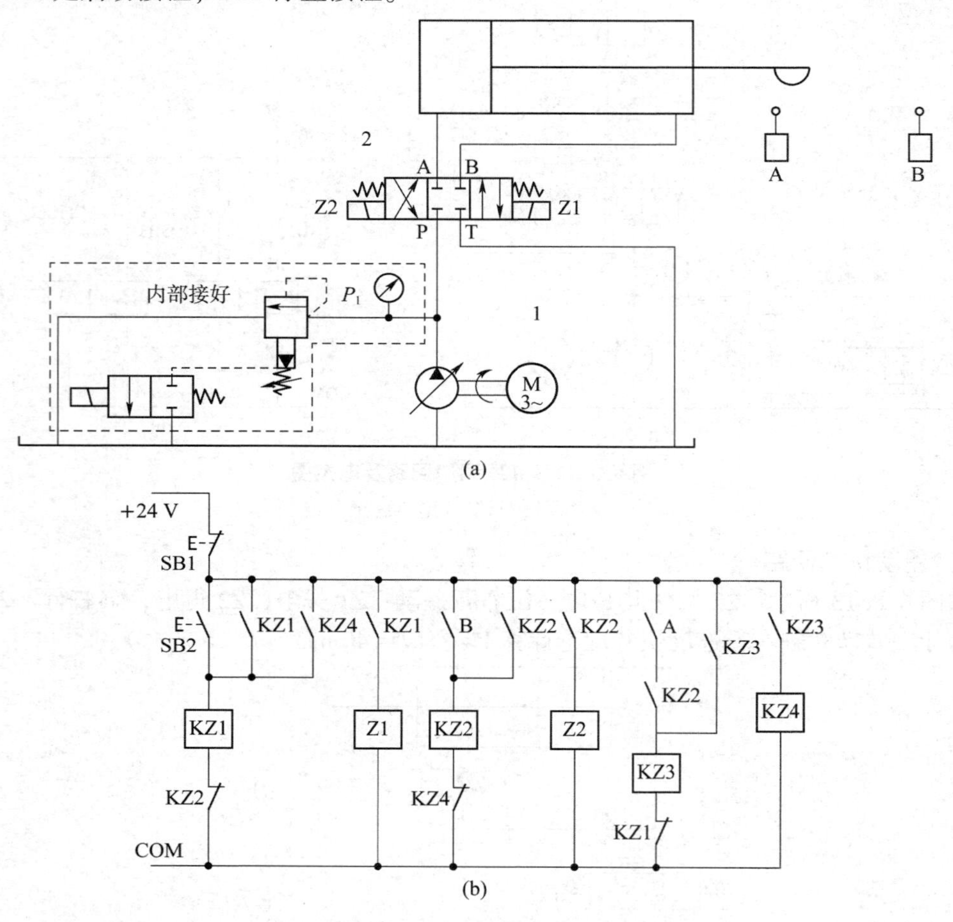

图 6.8.14　方向控制回路及电控图

（a）回路；（b）电控图

4. 双向液压锁的锁紧回路

如图 6.8.15 所示，阀 2 的 Z1 得电，阀 3 锁打开换向，主缸向右动作，当 Z1、Z2 失电，缸被锁住（保压）；当 Z3 得电，调阀 1，$P3$ 升压但加载缸推不动主缸。请问阀 2 中位为什么用 Y 型？

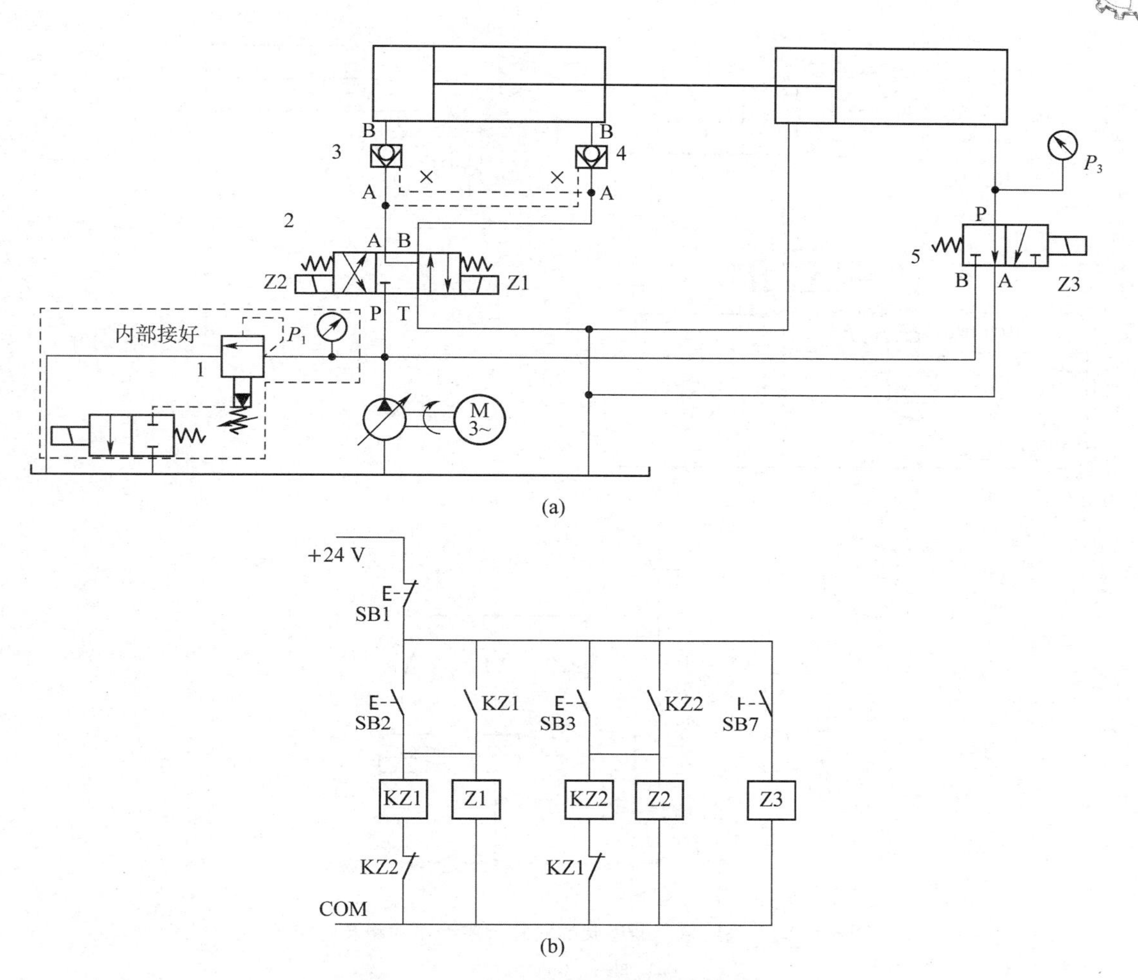

图6.8.15　双向液压锁的锁紧回路及电控图

（a）回路；（b）电控图

5. 双缸控制回路

1）采用单向顺序阀的双缸顺序动作回路

动作顺序表如表6.8.3所示。

表6.8.3　动作顺序表

动作要求	Z_1	顺序阀3	A	P_1/MPa
→左缸进	–	–	–	
→右缸进	–	+	–（+）	
←同退	+	–	–	

（1）用继电器线路或PLC编程完成上述双缸顺序动作，如图6.8.16所示，说明如下。

①顺序阀3稍调紧，左缸前进，泵压很低；当左缸运动到底后，泵压升高，右缸前进。

②两缸返回时由于油管长度不同，不能同时返回。

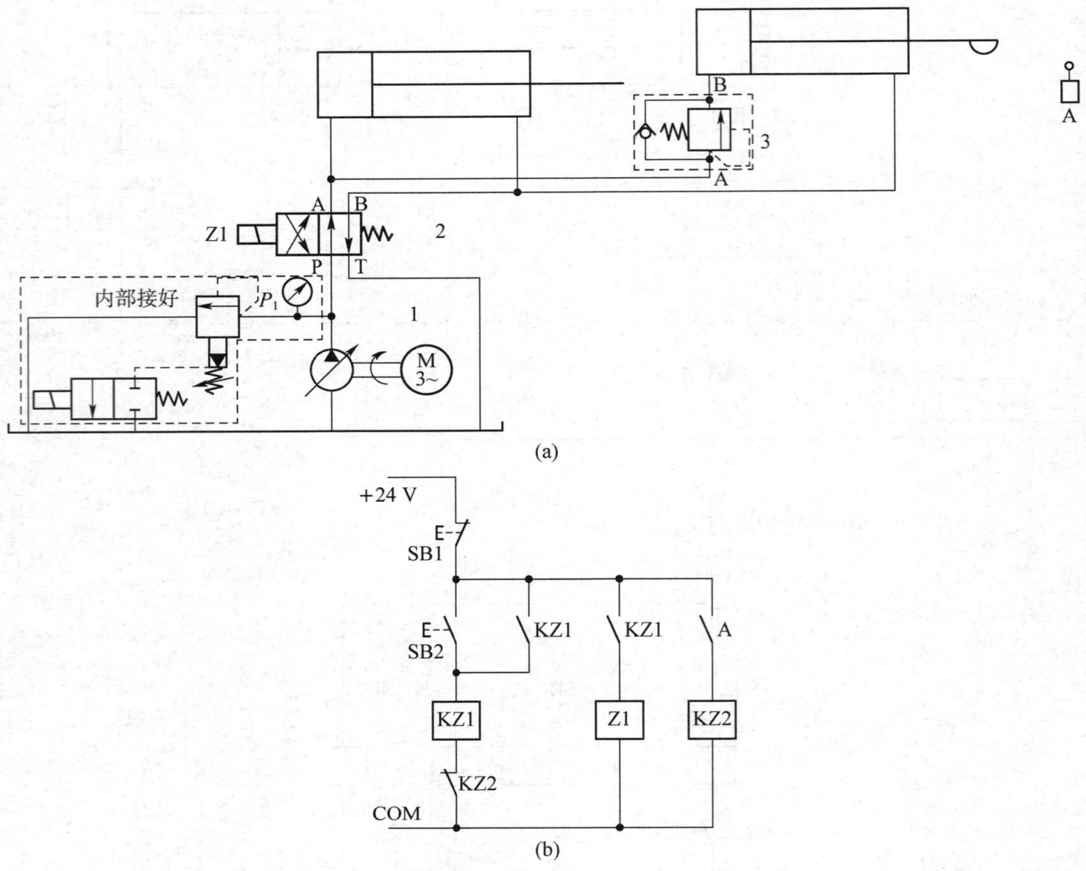

图 6.8.16　采用单向顺序阀的双缸顺序动作回路及电控图

(a) 回路；(b) 电控图

（2）用压力继电器和行程开关发送信号的双缸顺序动作回路，如图 6.8.17 所示，说明如下。

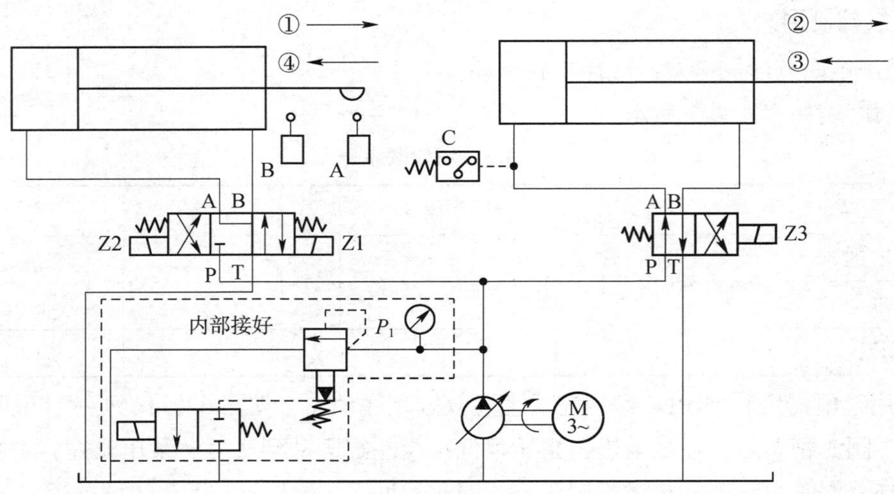

图 6.8.17　用压力继电器和行程开关发送信号的双缸顺序动作回路

①动作顺序要求：第一步左缸前进；第二步右缸前进；第三步双缸同退；第四步停（因压差不同，双缸退回时有前后）。

②按液压系统图和动作顺序，其信号传递状况：Z_1 得电→左缸前进→到底后 A 发信号→Z_3 失电→右缸前进→到底 C 发信号→Z_2 得电，Z_3 得电→缸 2 缸 1 同时退回→到底 B 发讯→停泵。

③读通上述信号传递状况请自行填写动作顺序表。

④按动作顺序表，用 PLC 编程完成上述双缸顺序动作。学生自行完成。

2）液压双缸同步回路

如图 6. 8. 18 所示，仔细调整两调速阀的开口大小，可使两缸在一个方向上实现同步运动，但调整麻烦，同步精度不高（要注意连接管道对称）。

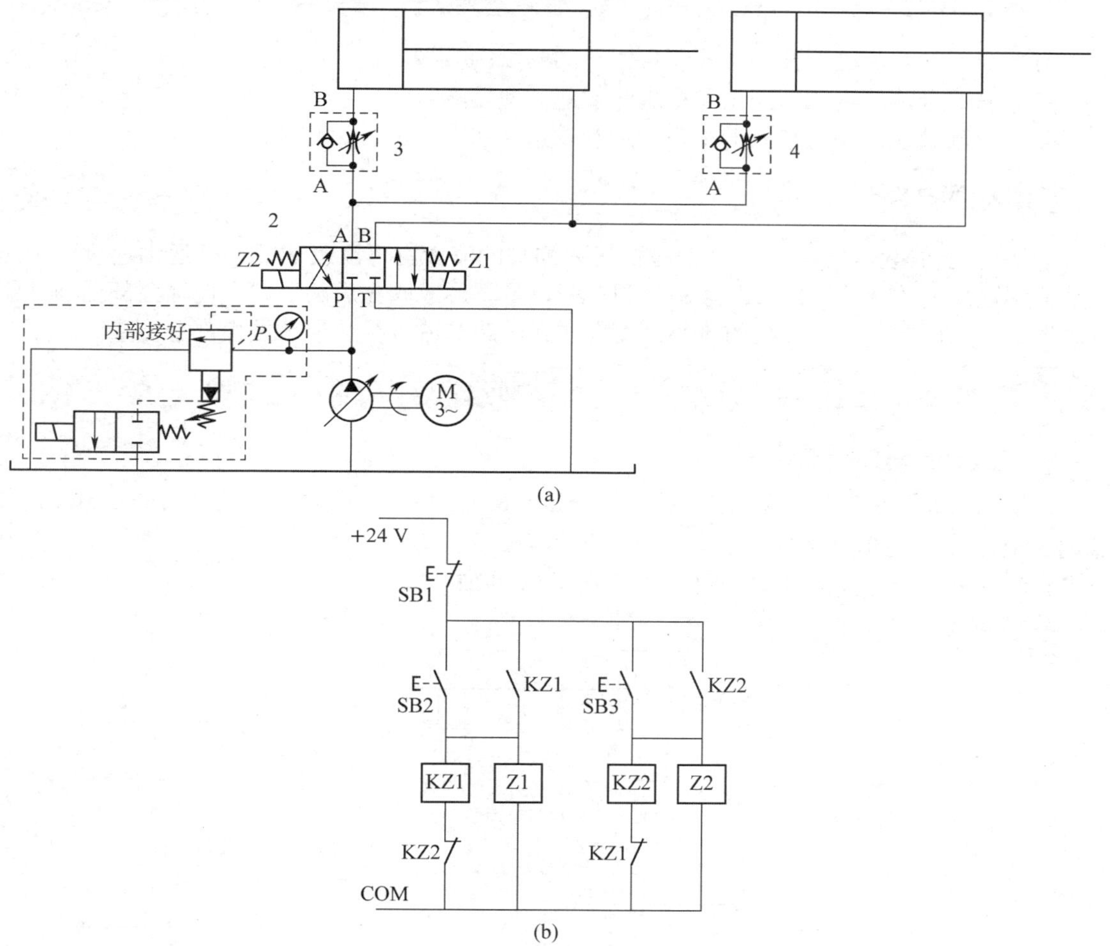

图 6. 8. 18 液压双缸同步回路及电控图

（a）回路；（b）电控图

【实验报告】

（1）画出各回路图，叙述液压回路的工作原理；

（2）叙述实验所用液压元件的功能特点。

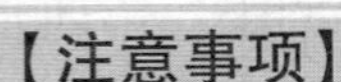

【注意事项】

接好的液压回路之后，再重新检查各快速接头是否连接可靠，最后请老师确认无误后，方可启动。

6.9 节流调速回路性能实验

【实验目的】

（1）分析比较节流阀和调速阀调速回路的速度-负载特性；

（2）熟悉节流速度调节的工作原理、性能和应用场合；

（3）了解节流阀和调速阀的工作原理和调速性能。

【实验内容】

活塞杆运动速度 $v = Q/A$，一般控制进入油缸的流量就可以改变活塞杆运动速度。定压式节流调速采用改变节流阀、调速阀的阀口开口量，形成阀先后的压差，使油泵部分油从溢流阀溢出，从而调节进入油缸的流量，而变压式旁路节流直接从油泵放掉部分流量。

【实验步骤】

1. 节流阀的进油节流调速

液压回路如图6.9.1所示，电气控制部分如图6.9.2所示。调溢流阀1，使 P_1 =5 MPa，节流阀3全开，Z1得电，活塞杆右行，速度不变化。Z2得电，油缸退回。关小节流阀3，Z1得电，活塞杆右行，速度变慢，同时观察 P_1、P_2 的值。

将实验数据记录在表6.9.1中。

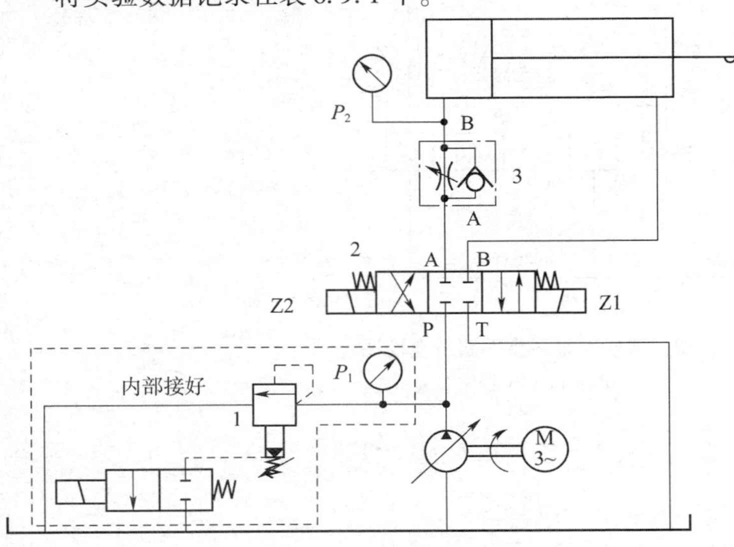

图6.9.1 液压回路

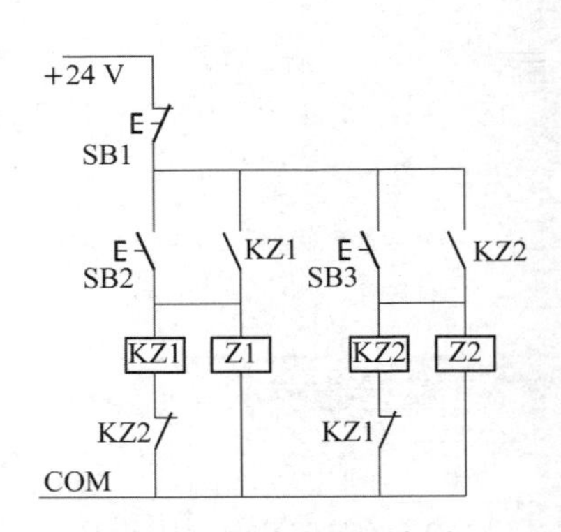

图6.9.2 电气控制部分

表 6.9.1　实验数据

节流阀开度	缸状态	P_1	P_2	速度变化
全开	缸运动			
	缸到底			
关小	缸运动			
	缸到底			

2. 节流阀的旁路节流调速

液压回路如图 6.9.3 所示，电气控制部分如图 6.9.4 所示。调溢流阀 1，使 $P_1=5$ MPa，随着节流阀开大，观察缸速度减小还是增加，P_1 值在缸运动时增加还是减小。

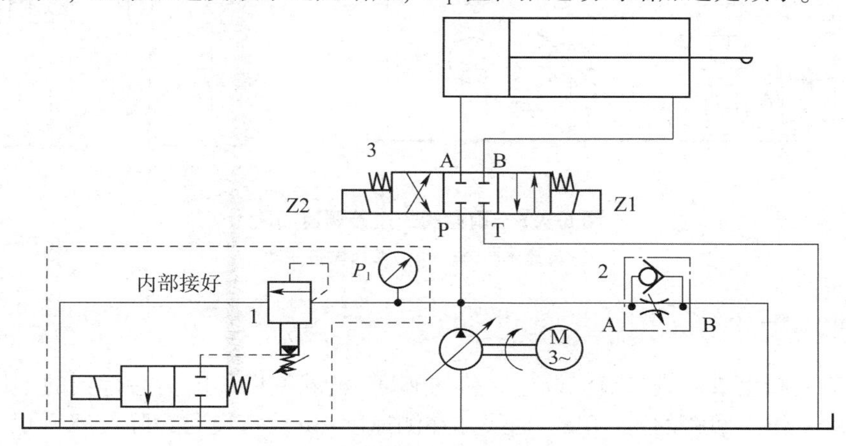

图 6.9.3　液压回路

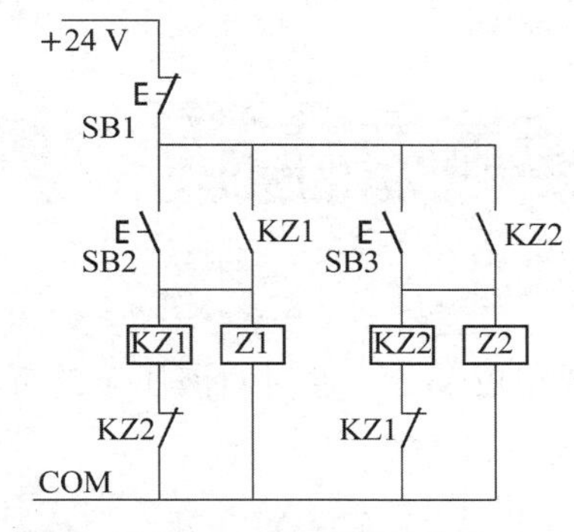

图 6.9.4　电气控制部分

3. 调速阀调速回路

参照图 6.9.1、图 6.9.3，把系统中的单向节流阀（DRVP8）换成单向调速阀（2FRM5）进行同样实验。在此就不再重复阐述。

4. 调速阀的短接调速回路

调速阀的短接调速回路如图 6.9.5 所示，阀 4 的 Z1 得电，活塞向右运动时，缸回油通过阀 4，调速阀不起作用，不能改变油缸运动速度；当阀 4 的 Z1 失电，阀 4 关闭，缸回油通过调速阀节流，缸速度减慢。

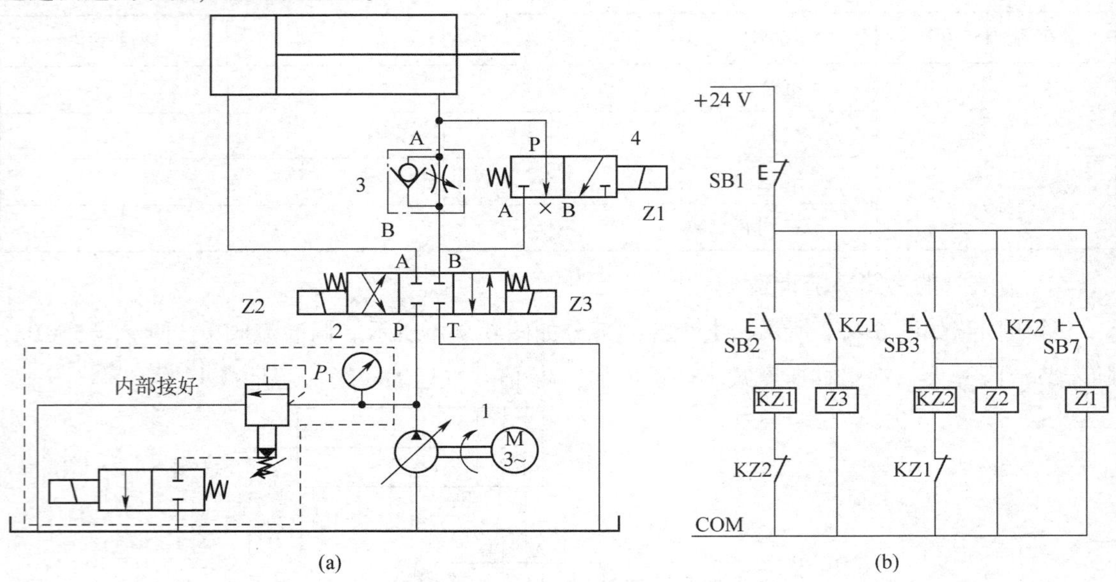

(a) (b)

图 6.9.5 调速阀的短接调速回路

(a) 液压回路；(b) 电气控制部分

【实验报告】

测定由节流阀组成的进口节流调速回路的速度-负载特性。由实验得到的不同负载下活塞的运动速度，作出回路的 $v=f(F)$ 曲线。在测速度-负载特性时，除负载变化外，其余参数保持不变。

6.10 液压泵拆装实验

【实验目的】

液压元件是液压系统的重要组成部分，通过对液压泵的拆装，可加深对泵的结构及工作原理的了解。

【实验内容】

拆装齿轮油泵、单作用变量叶片泵。

【实验仪器与设备】

内六角扳手、固定扳手、螺丝刀、相关液压泵。

【实验要求】

(1) 通过拆装，掌握液压泵内每个零部件构造，了解其加工工艺要求；

（2）分析影响液压泵正常工作及容积效率的因素，了解易产生故障的部件并分析其原因；
（3）从结构上加以分析，如何解决液压泵的困油问题；
（4）通过实物分析液压泵的工作三要素（必需的条件）；
（5）了解如何认识液压泵的铭牌、型号等内容；
（6）掌握液压泵的职能符号（定量、动量、单向、双向）及选型要求等；
（7）掌握拆装液压泵的方法和拆装要点。

【实验报告】

（1）在齿轮油泵、单作用变量叶片泵中选一种，画出工作原理简图，说明其主要结构组成及工作原理；
（2）叙述拆装的顺序；
（3）叙述拆装中主要使用的工具；
（4）叙述拆装过程的感受。

【分析与思考】

（1）齿轮油泵的卸荷槽的作用是什么？
（2）液压泵的密封工作区是指哪一部分？
（3）单作用变量叶片泵如何实现变量？

【实验步骤】

1. 定量泵型号

CB-B 型齿轮油泵的结构如图 6.10.1 所示。

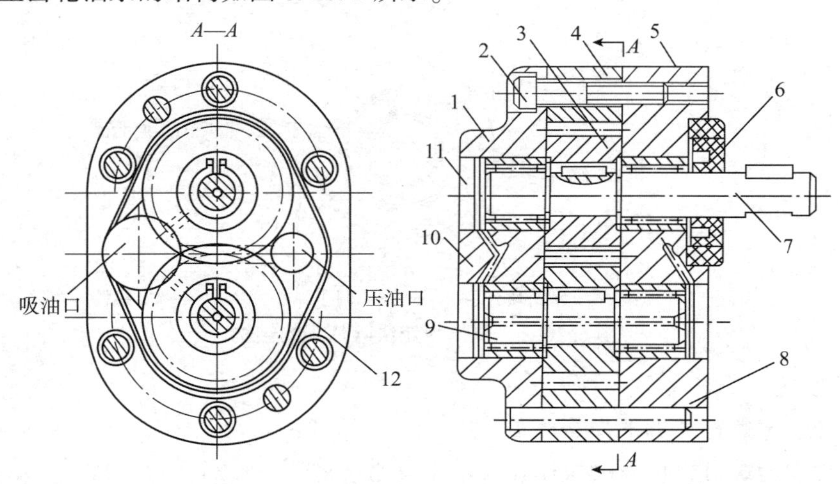

1—后盖；2—螺钉；3—齿轮；4—泵体；5—前盖；6—油封；7—长轴；8—销；9—短轴；10—滚针轴承；11—压盖；12—泄油通槽。

图 6.10.1　CB-B 型齿轮油泵的结构

1）拆装步骤

（1）松开 6 个紧固螺钉，分开端盖 1 和 5；从泵体 4 中取出主动齿轮及轴、从动齿轮

及轴；

（2）分解端盖与轴承、齿轮与轴、端盖与油封（此步可不做）。

（3）装配顺序与拆卸相反。

2）主要零件分析

（1）泵体4。泵体的两端面开有封油槽，此槽与吸油口相通，用来防止泵内油液从泵体与泵盖接合面外泄，泵体与齿顶圆的径向间隙为0.13～0.16 mm。

（2）端盖1与5。两端盖内侧开有卸荷槽，用来消除困油。端盖1上吸油口大，压油口小，用来减小作用在轴和轴承上的径向不平衡力。

（3）齿轮副3。两齿轮的齿数和模数都相等，齿轮与端盖间轴向间隙为0.03～0.04 mm，轴向间隙不可以调节。

2. 变量泵型号

YBN型单作用变量叶片泵的结构如图6.10.2所示。

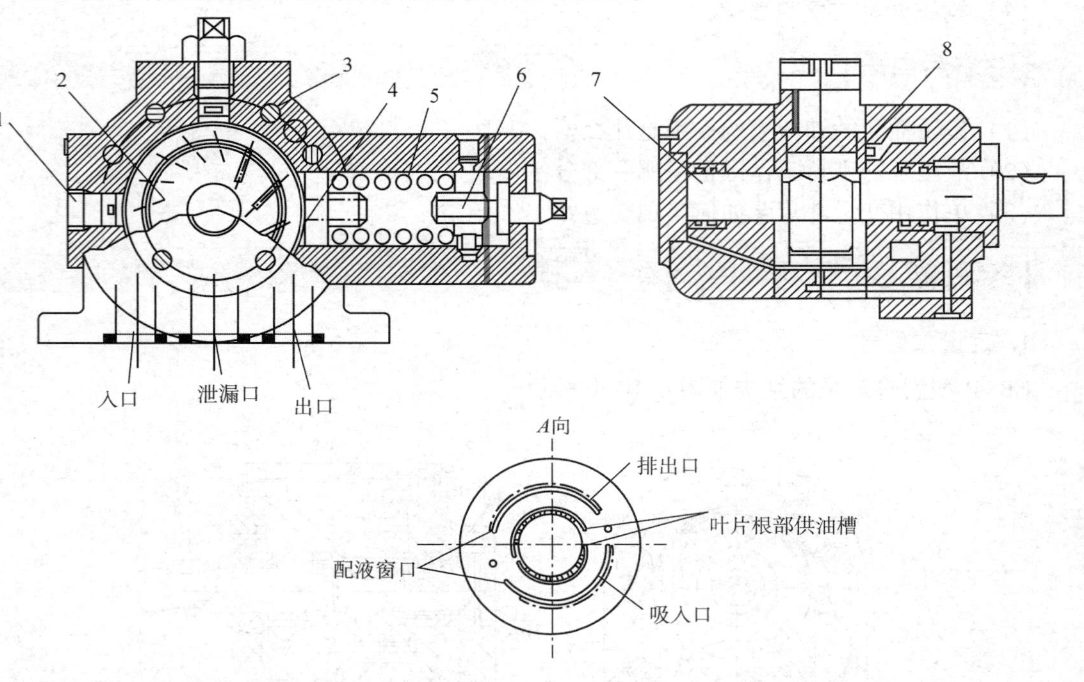

1—流量调节螺栓；2—转子、叶片；3—支承滑块；4—定子；5—调压弹簧；6—压力调节螺栓；7—轴；8—配流盘。

图6.10.2　单作用变量叶片泵的结构

1）拆装步骤

（1）松开固定螺钉，拆下弹簧压盖，取出调压弹簧5；

（2）松开固定螺钉，拆下滑块压盖，取出支承滑块等；

（3）松开固定螺钉，拆下传动轴左右端盖，取出定子、转子传动轴组件和配流盘；

（4）分解以上各部件；

（5）拆卸后清洗、检验、分析，装配与拆卸顺序相反。

2）主要零件分析

（1）定子和转子。定子的内表面和转子的外表面是圆柱面。转子中心固定，定子中心可以左右移动。定子径向开有 13 条槽可以安置叶片。

（2）叶片。该泵共有 13 个叶片，流量脉动较偶数小。叶片后倾角为 240°，有利于叶片在惯性力的作用下向外伸出。

（3）配流盘。如图 6.10.3 所示，配流盘上有 4 个圆弧槽，其中一个为压油窗口 a，另一个为吸油窗口 c，其他 2 个 b、d 是通叶片底部的油槽。a 与 b 接通，c 与 d 接通。这样可以保证压油腔一侧的叶片底部油槽和压油腔相通，吸油腔一侧的叶片底部油槽与吸油腔相通，保持叶片的底部和顶部所受的液压力是平衡的。

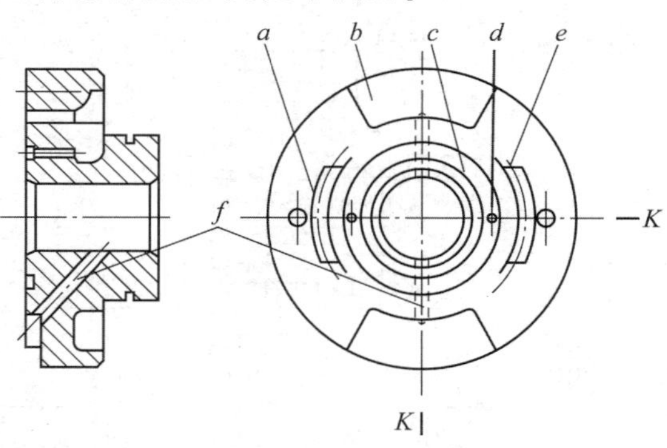

图 6.10.3　配流盘结构

（4）支承滑块。支承滑块 3 用来支持定子，并承受压力油对定子的作用力。

（5）压力调节装置。压力调节装置由调压弹簧 5、压力调节螺栓 6 以及弹簧座组成。调节调压弹簧的预压缩量，可以改变泵的限定压力。

（6）最大流量调节装置。调节左侧螺钉可以改变定子 4 的原始位置，也改变了定子与转子的原始偏心量，从而改变泵的最大流量。

（7）压力反馈装置。泵的出口压力作用在活塞上，活塞对定子产生反馈力。

6.11　气动元件认识和气动回路实验

【实验目的】

（1）掌握气动元件在气动控制回路中的应用；

（2）通过装拆气动回路，了解调速回路和手动循环控制回路的组成及性能；

（3）掌握利用现有气动元件拟定其他方案并进行比较的方法。

【实验内容】

（1）认识气动元件，组装具有调速功能的手动循环控制气动回路；

（2）认识气动元件，组装逻辑“与”功能的间接控制气动回路。

【实验仪器与设备】

BIBB 型气动回路实验台。

【实验原理】

系统原理图如图 6. 11. 1 和图 6. 11. 2 所示。其中，图 6. 11. 1 为用二位五通双气控换向阀 1V3 控制气缸 1A1 动作，手动换向阀 1S1 和 1S2 控制 1V3 阀换位，气缸活塞运动速度可用单向节流阀 1V1 和 1V2 调节；图 6. 11. 2 为用二位五通单气控换向阀 1V1 控制气缸 1A1 动作，手动换向阀 1S1 和机动换向阀 1S2 同时动作时控制 1V1 阀换位，双压阀 1V2 用于逻辑与运算。

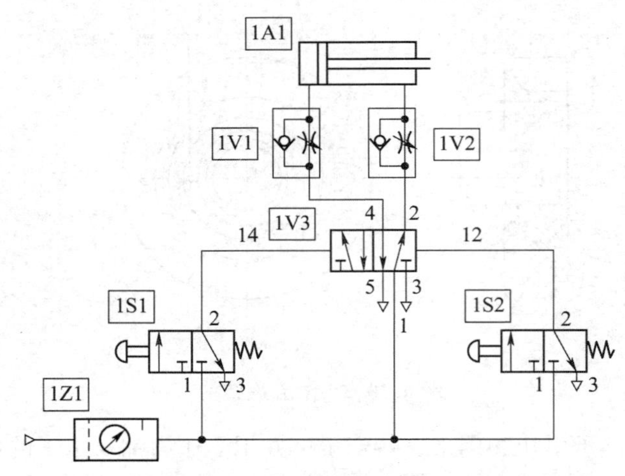

图 6. 11. 1　二位五通双气控换向阀

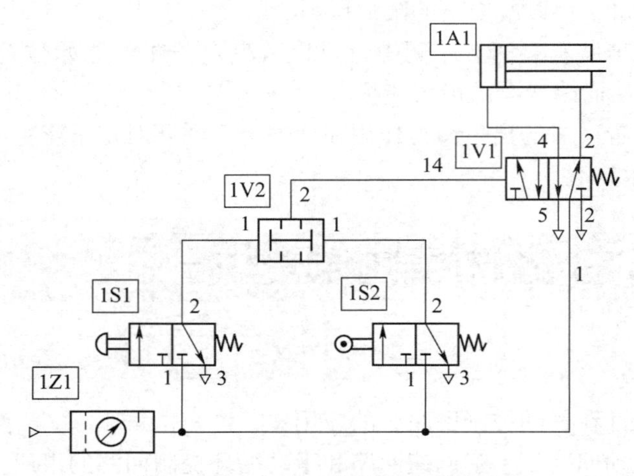

图 6. 11. 2　二位五通单气控换向阀

【实验步骤】

（1）按需要选择气动元件；

（2）根据系统原理图连接管道；

（3）接通压缩空气源；

（4）实现所要求的调速功能和循环动作；

（5）拆卸，并将元件放好。

【实验报告】

（1）画出回路图；
（2）叙述实验所用气动元件的功能特点；
（3）叙述气动回路的工作原理；
（4）回答分析与思考中的问题。

【分析与思考】

（1）气动系统中为何要有三联件？
（2）单向节流阀在气动回路中如何安装？
（3）用单气控换向阀与双气控换向阀控制双作用气缸有什么不同特点？

第7章 机械制造技术基础实验

7.1 刀具几何角度的测量

【实验目的】

（1）加深对车刀切削部分基本定义的理解，从而掌握车刀切削部分的构造要素、车刀标注角度参考系及车刀标注角度的基本概念；

（2）了解车刀量角台的构造和使用方法，学会用它测量车刀的标注角度并绘制车刀标注角度图。

【实验仪器与设备】

（1）车刀量角台；

（2）待测外圆车刀（端面车刀）、切断车刀。

【实验原理】

车刀标注角度可以用角度样板、万能量角器、重力量角器、车刀量角台等测量。其中，用车刀量角台测量方便、迅速、准确。

1. 车刀量角台的构造

车刀量角台是车刀角度测量台的简称，是测量车刀标注角度的专用角度测量仪。它的结构形式有多种，图7.1.1为既能测量车刀主剖面（正交平面）参考系的基本角度，又能测量车刀法剖面参考系的基本角度，还能测量车刀法剖面参考系的基本角度的一种构造。

车刀量角台由底盘、工作台、大小指针、大小刻度盘、立柱、滑体等20个零件组成。圆形底盘1的周边上刻有0°起向顺时针、逆时针两个方向各100°的刻度线，其上的工作台3可绕小轴转动，转动角度的数值可由固定于工作台3上的工作台指针2指示出来。工作台3上的定位块4和导条固定在一起，能在工作台3的滑槽内平行滑动。

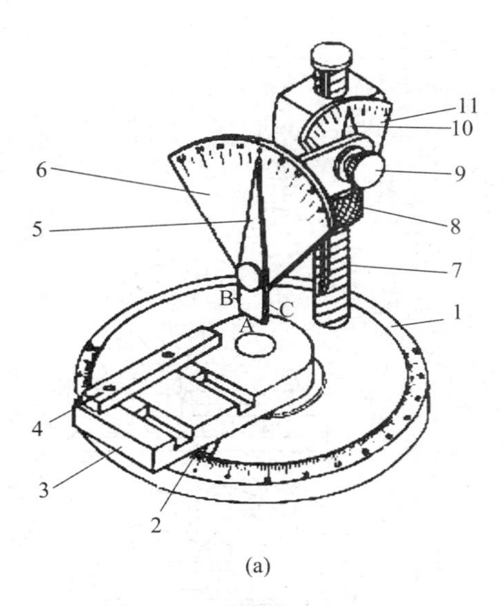

(a)

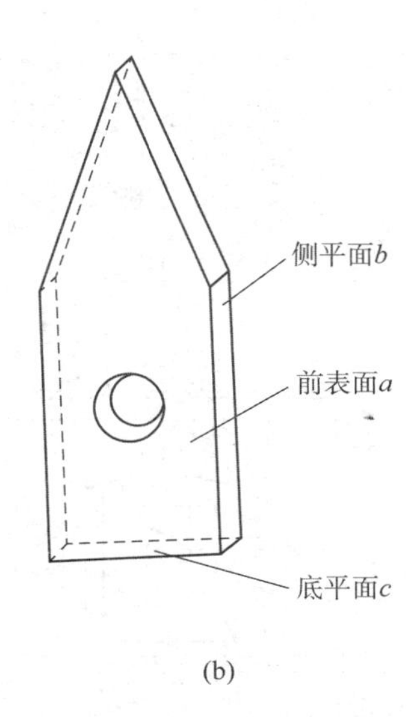

(b)

1—底盘；2—工作台指针；3—工作台；4—定位块；5—大指针；6—大扇形刻度盘；
7—立柱；8—大螺母；9—旋钮；10—小指针；11—小扇形刻度盘。

图 7.1.1　车刀量角台构造

（a）车刀量角台；（b）大指针放大图

立柱 7 固定安装在底盘 1 上，其上制有矩形螺纹，旋转大螺母 8 可使滑体沿立柱 7 上的键槽上下滑动。滑体上用小螺钉固定装上一个小刻度盘 11，用旋钮 9 将弯板紧在滑体上。松开旋钮 9，弯板可绕旋钮向顺时针、逆时针两个方向转动，转动角度的大小由固定在弯板上的小指针 10 于刻度盘 11 上指示出来。弯板另一端由两个螺钉固定着扇形大刻度盘 6，其上用螺钉轴安装着大指针 5。大指针 5 可绕螺钉轴向顺时针、逆时针两个方向转动，并由大刻盘 6 显示出转动的角度。两个销轴用以限制大指针 5 的极限位置。

当工作台指针 2、大指针 5 和小指针 10 都处在零位时，大指针 5 的前表面 a 和侧表面 b 处于与工作台 3 的上表面垂直的位置，大指针 5 的底平面 c 则平行于工作台的上表面。测量车刀角度时，就是根据被测角度的需要，转动工作台 3，调整工作台上车刀的位置，同时旋转大螺母 9，使滑体带动大指针 5 上下移动，使之处于适当位置，然后用大指针的前表面 a(或侧表面 b、底平面 c)，与车刀上构成被测角度的刀面或刀刃紧密贴合，此时在底盘上则由指针 2（或大指针 5）指示出相应的被测角度数值。

2. 车刀量角台的使用

用车刀量角台测量车刀的标注角度时，必须须先将大指针、小指针和工作台指针全部调到零位，即原始位置，然后把待测车刀按图 7.1.2 所示位置平放在工作台上，才能开始测量。

1）主偏角 κ_r 的测量

从图 7.1.2 所示的原始位置起，顺时针转动工作台，让主切削刃和大指针前表面 a 紧密贴合，如图 7.1.3 所示。此时，工作台平面相当于基面 P_r，大指针前表面 a 相当于进给方向，工作台指针在底盘上所指示的刻度值即为主偏角 κ_r 之值。

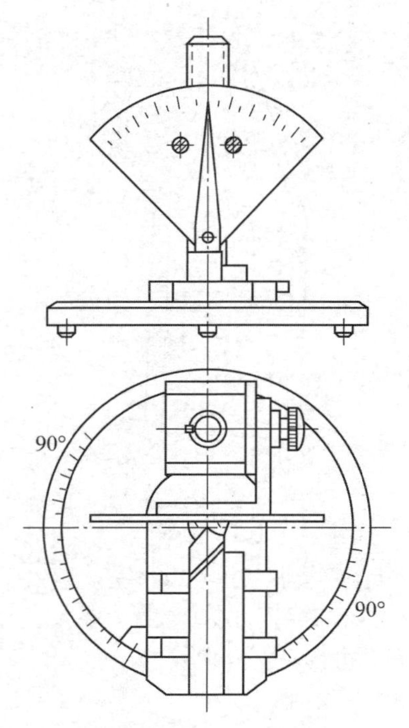

图 7.1.2　车刀标注角度测量前的原始位置

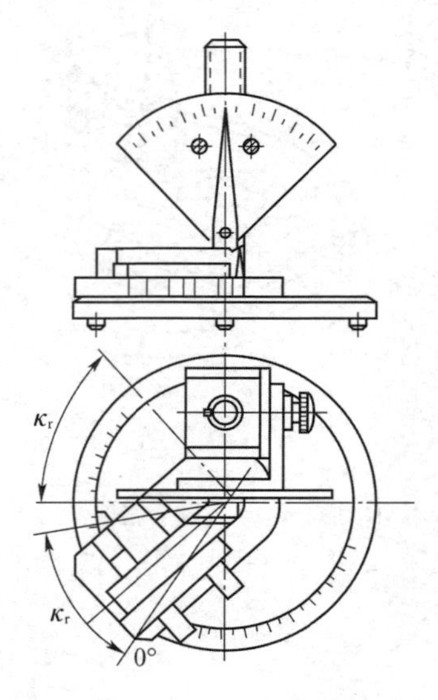

图 7.1.3　车刀主偏角的测量

2）刃倾角 λ_s 的测量

主偏角 κ_r 测完后，使大指针底平面 c 和主切削刃紧密贴合，如图 7.1.4 所示。此时，大指针前表面 a 相当于切削平面 P_s（即扇形刻度表面相当于 P_s），工作台平面相当于 P_r，则大指针在大刻度盘上指示的刻度值即为车刀刃倾角 λ_s 之值，指针在 0°左边为正，反之为负。

3）前角 γ_0 的测量

主偏角测完后才可测量前角。

可在主偏角测完的位置起，逆时针转动工作台 90°（或从原始位置起，逆时针转动工作台 $\varphi = 90 - \kappa_r$）。这样做是为了使主切削刃在基面上的投影与大指针前表面 a 垂直（即相当于主剖面 P_o）。再使大指针底平面 c 与主切前刃上选定点处的前刀面紧密贴合，如图 7.1.5 所示。此时，大指针在大刻度盘上的刻度值，就相当于在主剖面 P_o 内前角 γ_o 的数值。指针在 0°右边为正，反之为负。

4）后角 α_o 的测量

前角 γ_o 测完后，向右平行移动待测车刀（有时车刀要放在下位块的左侧并相互靠紧），使大指针侧表面 b 和主切削刃上选定点处的后刀面紧密贴合，如图 7.1.6 所示。此时，大指针在大刻度盘上的指示刻度就是该选定点在主剖面内的后角 α_o 之值。指针在 0°左边为正，反之为负。

5）副偏角 κ_r' 的测量

参照主偏角 κ_r 的测量方法，从原位置逆时针转动工作台到副切削刃和大指针前表面 a 紧密贴合，如图 7.1.7 所示，此时工作台指针在底盘上的指示刻度值即为副偏角 κ_r' 之值。

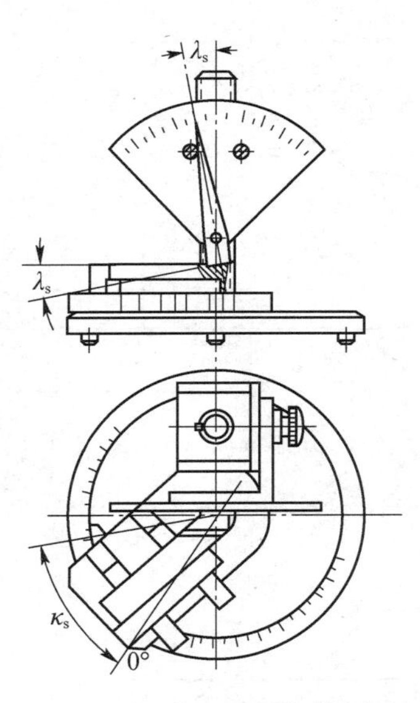

图 7.1.4　车刀刃倾角的测量

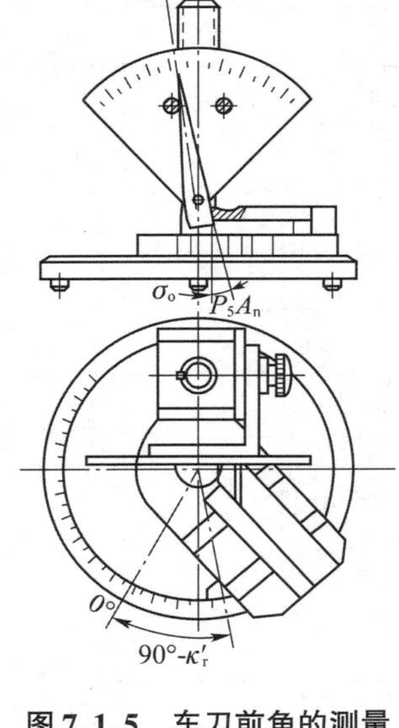

图 7.1.5　车刀前角的测量

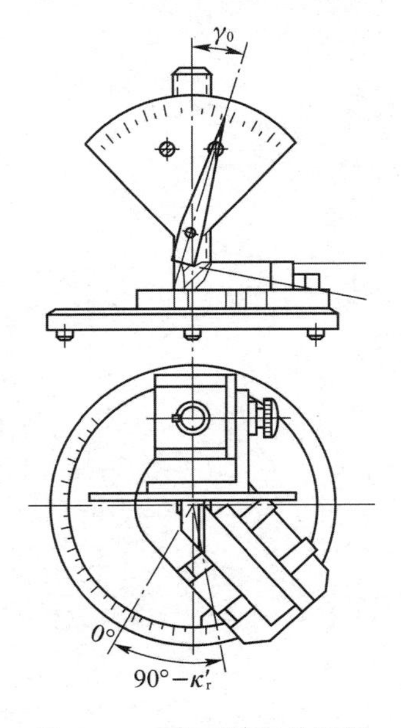

图 7.1.6　车刀后角的测量

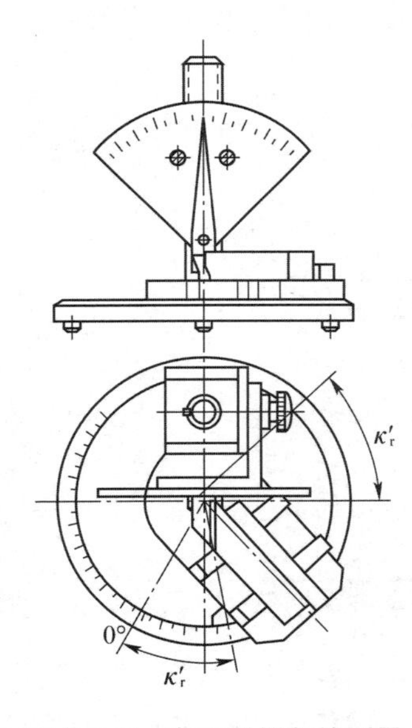

图 7.1.7　车刀副偏角的测量

【实验步骤】

（1）使用车刀量角台测量外圆车刀的 κ_r、λ_s、γ_o、α_o、$\kappa_r{}'$ 等数值并记录。

（2）使用车刀量角台测量切断车刀的上述各角数值并记录。

【数据记录】

1. 实验记录

将实验结果记录在表 7.1.1 和表 7.1.2 中。

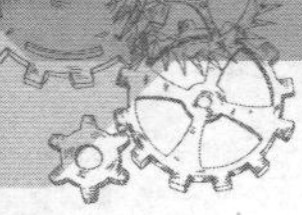

表 7.1.1　外圆车刀各角度数值　(°)

车刀编号	前角	后角	主偏角 K_r	副偏角 K_r'	刃倾角 λ_s	楔角 β_0	备注
	γ_o	α_o					

表 7.1.2　切断车刀各角度数值　(°)

车刀编号	前角	后角	主偏角 K_r	副偏角 K_r'	刃倾角 λ_s	楔角 β_0	备注
	γ_o	α_o					

2. 实验结果

绘制车刀标注角度图。

（1）外圆车刀。

（2）切断车刀。

【分析与思考】

（1）为什么车刀标注角度图上不标注前角 γ_o?

（2）如何用量角台测量端面车刀的各角度?

7.2　切削力的测量原理及其经验公式的建立

【实验目的】

（1）掌握切削力测量实验系统的工作原理及使用方法；

（2）掌握切削深度、进给量和切削速度对切削力的影响；

（3）通过实验数据的处理，建立切削力的经验公式。

【实验仪器与设备】

CA6140 型车床、切削力测量实验系统（见图 7.2.1）。

图 7.2.1　切削力测量实验系统

【实验原理】

三向切削力是使用三向切削测力传感器检测三向应变，将三向应变作为模拟信号，输出到切削力实验仪器内进行高倍率放大，再经 A/D 转换器又一次放大之后，转换为数字量输入计算机进行检测的。测力系统首先应该通过三相电标定，以确定各通道的增益倍数。然后再通过机械标定，确定测力传感器某一方向加载力值与 3 个测力方向响应的线性关系。经过这两次标定，形成一个稳定的检测系统之后，才能进行切削力实验。

测量切削力的主要工具是测力仪，测力仪的种类很多，如机械测力仪、油压测力仪和电测力仪。机械测力仪和油压测力仪比较稳定、耐用，而电测力仪的测量精度和灵敏度较高。电测力仪根据其使用的传感器不同，又可分为电容式测力仪、电感式测力仪、压电式测力仪、电阻式测力仪和电磁式测力仪等。目前电阻式和压电式用得最多。

电阻式测力仪的工作原理：如图 7.2.2 所示，在测力仪的弹性元件上粘贴具有一定电阻值的电阻应变片，然后将电阻应变片连接电桥。设电桥各臂的电阻分别是 R_1、R_2、R_3 和 R_4，如果 $R_1/R_2=R_3/R_4$，则电桥平衡，即点 2、4 间的电位差为 0，即应变电压输出为 0。在切削力的作用下，电阻应变片随着弹性元件发生弹性变形，从而使电阻发生改变。电阻应变片 R_1 和 R_4 在弹性张力作用下，长度增大，截面积缩小，于是电阻增大；R_2 和 R_3 在弹性压力作用下，长度缩短，截面积加大，于是电阻减小，电桥的平衡条件受到破坏。点 2、4 间产生电位差，输出应变电压。通过高精度线性放大区将输出电压放大，并显示和记录下来。输出应变电压与切削力的大小成正比，经过标定，可以得到输出应变电压和切削力之间的线性关系曲线（即标定曲线）。测力时，只要知道输出应变电压，便能从标定曲线上查出切削力的数值。

实际使用的测力仪的弹性元件不像图 7.2.2 所示的那样简单，粘贴的电阻应变片也比较多，由于要同时测量 3 个方向的分力，因此结构也较复杂。

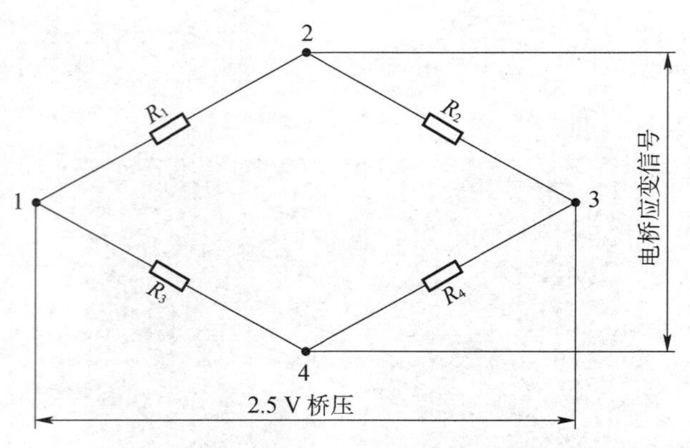

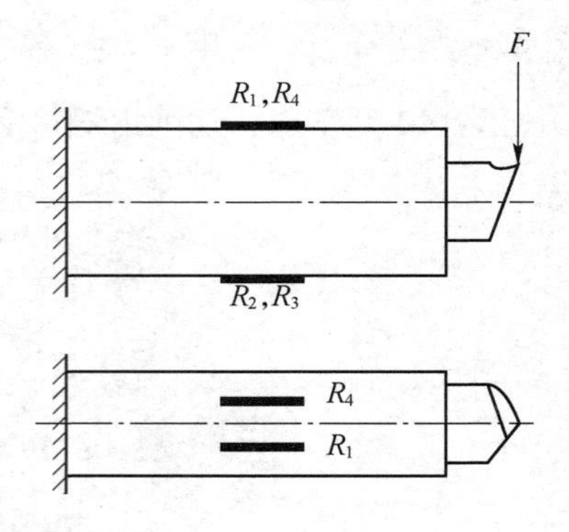

图 7.2.2　由应变片组成的电桥

使用符合国家标准的测力环做基准进行测力仪三受力方向的机械标定（下称标定），可获得较高的精确度。标定还确定了三向力之间的相互响应关系，在测力过程中，通过计算消除了各向之间的相互干扰，因而可获得较高的准确度。

标定切削力实验系统的目的有两个，一是求出某向输出（数字）与该向载荷（测力环所施加的力值）之间的响应系数，二是求出该向载荷对另外两向之间的影响系数，从而通过计算来消除向间影响而获得实际的三向力。

若 F_x、F_y、F_z 同时作用于测力传感器，设三向分力方向的输出分别为 D_x、D_y、D_z。由于各向分力间存在相互干扰，因此，输出 D_x、D_y、D_z 与 F_x、F_y、F_z 之间，存在的关系为

$$\sum_{i=x,\ y,\ z}^{j=x,\ y,\ z} m_{ij}F_j = D_i \quad (i\text{ 和 }j\text{ 为 }x、y、z\text{ 方向})$$

式中：m_{ij} 为 D_i 对 F_j 的相关系数。

解析上述方程，相对三向输入与输出，在已知 D_x、D_y、D_z 的条件下，可求出 3 个给定方向的排除了向间干扰的力值 F_x、F_y、F_z。

【实验步骤】

1. 准备工作

（1）安装工件、测力仪，注意刀尖对准车床中心高；

（2）用 3 根软管导线将测力仪和数显箱连接起来（注意 $X-X$、$Y-Y$、$Z-Z$ 相连，不可接错），接通电源；

（3）熟悉机床操作手柄及操作方法，注意安全事项；

（4）熟悉数显箱的使用和读数，并将读数调零；

（5）确定实验条件。

2. 切削实验步骤

本实验所采用的方法是单因素法和正交法。在实验之前已经对测力系统进行了三通道增益标定、机械标定。实验过程中还需经常进行三通道零位调整，之后再通过数字显示观察输出情况，若输出稳定就可以进行单因素实验和正交实验。

在显示器面板上单击“切削力实验”图标，进入实验系统。在切削力实验向导界面上，可以单击激活了的项目，调出相应的界面和程序运行。对于需要将实验过程中的实时数据写

进数据库的项目——“测力传感器标定”和“切削力实验”，在单击相应按钮之前，应先在“要进行新实验必须在此输入实验编号”栏目内，给出实验编号，单击“确定”按钮，激活所有项目。之后，再单击需要的按钮，调出相应程序运行。具体的操作方法见实验系统帮助。

1）切削力实验系统三通道的零位调整

零位调整是实验过程中非常重要的一个环节。如果零位偏高，则 A/D 转换器采集的高端的数据就会受到限制。例如，切向力的零位数为 200，则当切向力数据为 2 800 N 时，虽然显示的数值仅为 2 800 N，但实际采集的数值已经为 3 000 N 了，若切向力再增大，但采集的数据依然为 3 000 N 不变，这就产生了采集误差。反之，如果零位数值小于 0，如为-30，则 A/D 转换器采集的小于 30 N 的数据都将为 0，也就产生了采集误差。零位调整界面如图 7. 2. 3 所示。

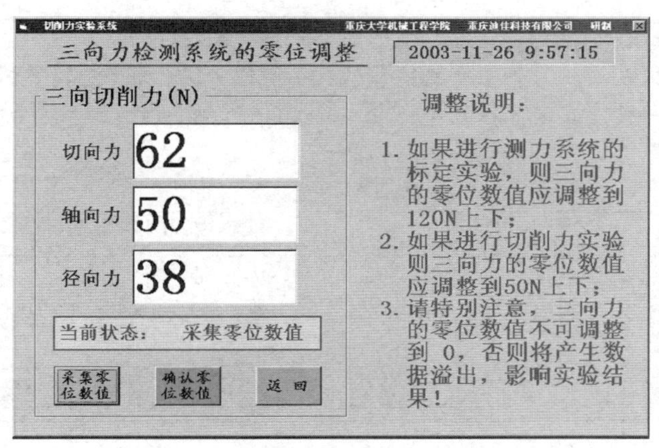

图 7. 2. 3　系统三通道的零位调整界面

2）三向力的数字显示

在三向力数字显示界面（见图 7. 2. 4）内，可以实时地观察到切削力的变化情况以及变化规律，从而更好地对实验过程进行控制。

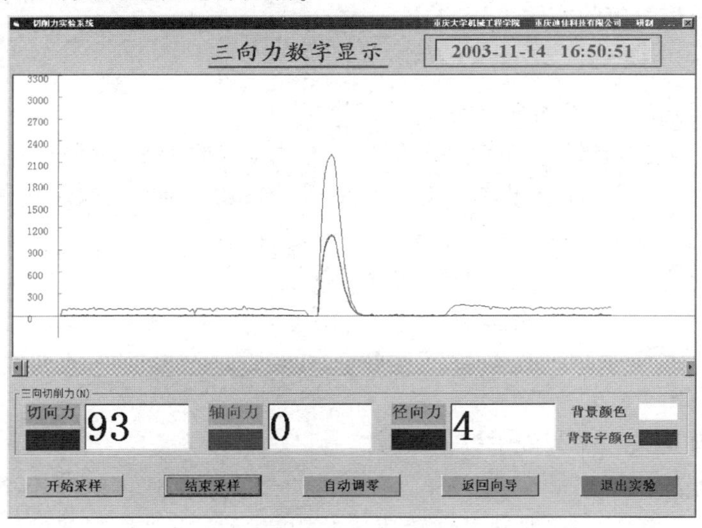

图 7. 2. 4　三向切向力数字显示界面

3）切削力实验方式向导

在切削力实验向导界面内，单击“切削力实验方式向导”按钮，调出切削力实验方式向导界面，如图 7.2.5 所示，解决实验条件设置与实验方式选择等实验中的重要问题。

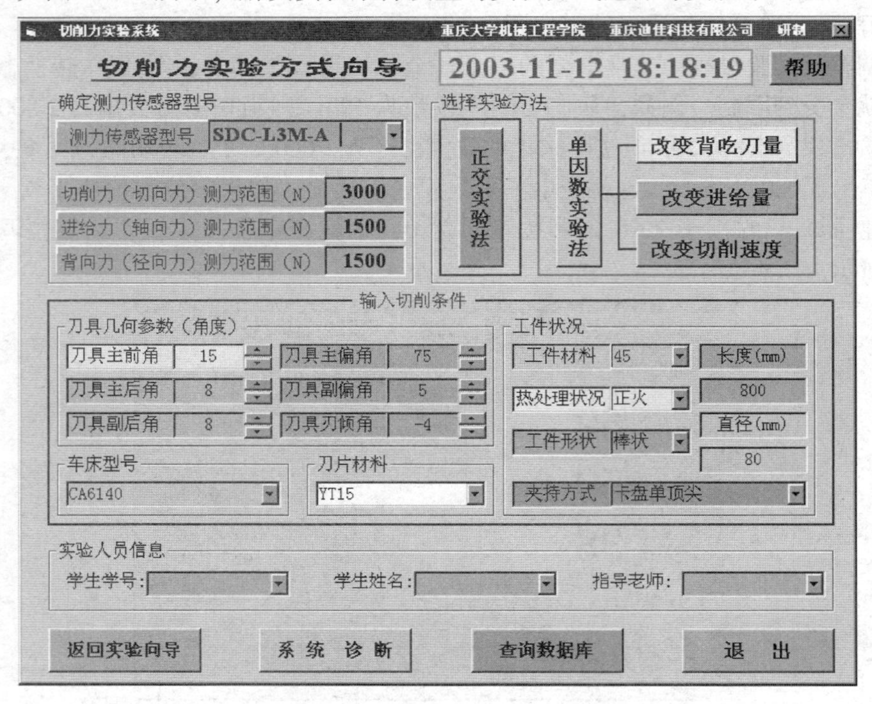

图 7.2.5　切削力实验方式向导界面

选择测力传感器型号，同时显示其三方向测力范围。在“输入切削条件”栏目内，按照提示，输入下列切削条件基础参数：刀具几何参数、车床型号、刀片材料、工件状况。

接下来直接单击“改变背吃刀量”“改变进给量”“改变切削速度”或“正交实验法”软按钮，即可进行相对应的实验。

3. 单因素实验步骤

1）改变背吃刀量单因素切削力实验

背吃刀量是影响三向切削力的最主要因素，在改变背吃刀量单因素切削力实验程序辅助下，进行只改变背吃刀量，而不改变切削速度和进给量的切削力实验，操作过程大致如下。

（1）在切削力实验方式向导界面，单击“改变背吃刀量”按钮，调出单因素实验方式中改变背吃刀量的辅助实验界面，如图 7.2.6 所示。

（2）在“点序”栏内，点选实验点序号（两位数，一般从 1 开始）。如果要删除该点序的实验数据，请单击“删除此点数据”按钮。如果要删除以前的所有实验数据，应单击“清空记录”软按钮。

（3）设置切削用量，需要确定以下参数。

①在“不改变的切削用量”栏目内，输入进给量和切削速度。对于切削速度，只需输入工件加工直径及车床能够实现的主轴转速，并用鼠标单击“切削速度”数字标牌，程序就会自动计算并显示出切削速度。

②在“改变的切削用量”栏目内，点选或输入背吃刀量数值。

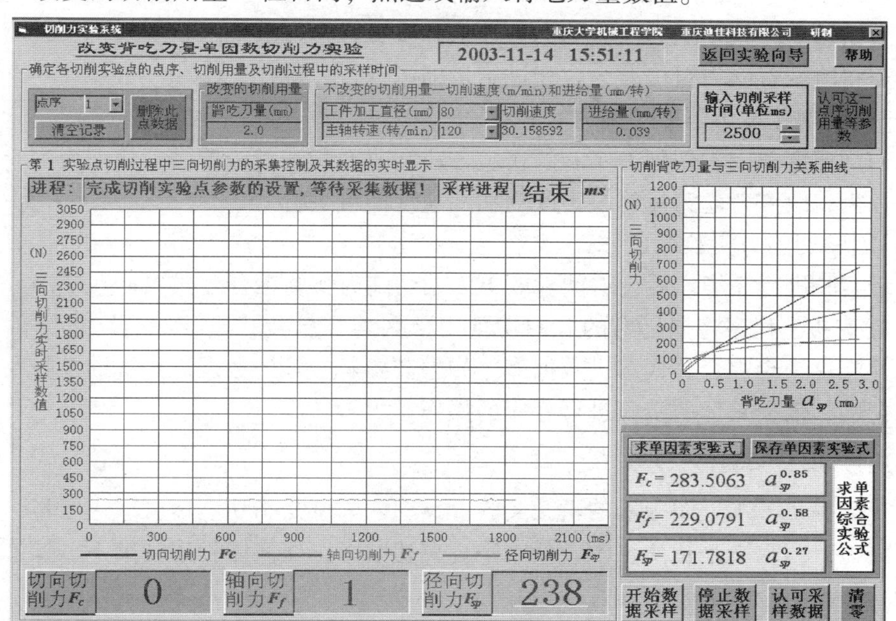

图 7.2.6　改变背吃刀量单因素切削力实验界面

（4）确定采样时间，并且按设定的切削用量调整车床和刀具。

（5）单击“清零”按钮，调出零位调整界面，按其调整说明进行零位调整。

（6）起动车床进行切削，待切削稳定后，单击“开始数据采集”按钮，界面上会自动显示采样进程时间，以及不断变换着的三向切削力的数值和图线。经过采样规定时间后，程序将自动停止采样，同时操作者应立即停止切削。

结束采样后，系统将计算出这一实验点三向切削力的平均值，并在切削背吃刀量与三向切削力关系曲线图上画 3 个点，再用直线将其连起来，获得通过各实验点的 $a_{sp}-F_c$（蓝色线）、$a_{sp}-F_f$（红色线）、$a_{sp}-F_{sp}$（绿色线）关系连线。

（7）点选“实验点序号”，使其数值加 1，即进入下一点的切削实验。同时，必须改变背吃刀量，然后重复（5）、（6）直至获得足够多（应不少于 3 个点）的实验数据。

（8）当采集完数据时，单击“求单因素实验式”按钮，程序将按现有的几个实验点数据进行拟合，建立 $a_{sp}-F_c$、$a_{sp}-F_f$、$a_{sp}-F_{sp}$ 关系实验公式，画 $a_{sp}-F_c$、$a_{sp}-F_f$、$a_{sp}-F_{sp}$ 拟合曲线图。

（9）单击“保存单因素实验式”按钮，将已经获得的改变背吃刀量单因素实验公式中的系数和指数写入数据库保存。

（10）在界面的右下角很清楚地显示了这 3 个单因素实验的进展情况。如果已经完成了两个单因素实验，即可单击“求单因素综合公式”按钮，程序将把已有的三向切削力单因素实验公式进行综合，计算出相应的综合公式，并将这 3 个综合公式写进数据库。对于还没有完成单因素实验的那个切削用量，在综合公式中，程序规定其指数为 0。

（11）单击“返回实验向导”按钮，返回切削力实验方式向导界面。

2）改变进给量单因素切削力实验

改变进给量单因素切削力实验的实验方法和改变背吃刀量单因素切削力实验的实验方法一样，只需将改变背吃刀量修改为改变进给量即可进行。

3）改变切削速度单因素切削力实验

改变切削速度单因素切削力实验的实验方法和改变背吃刀量单因素切削力实验的实验方法一样，只需将改变背吃刀量修改为改变切削速度即可进行。

4）单因素切削力实验综合公式

在3个实验进行完毕之后，返回求取单因素切削力实验综合公式界面。单击“求单因素综合公式”按钮，程序将把已有的三向切削力单因素实验公式进行综合，计算出相应的综合公式，并将这3个综合公式写进数据库。如果需要对实验的数据进行查询及打印，请阅读实验系统帮助，依据具体的步骤进行相应的操作。

4. 切削力正交实验

本系统能满足三水平四因素的正交实验，其中四因素是指切削速度、进给量、背吃刀量和三向切削力；三水平是指高、中、低水平。在切削力正交实验程序辅助下，操作过程大致如下。

（1）在切削力实验方式向导界面内，单击“正交实验法”按钮，调出“切削力正交实验”界面，如图7.2.7所示。

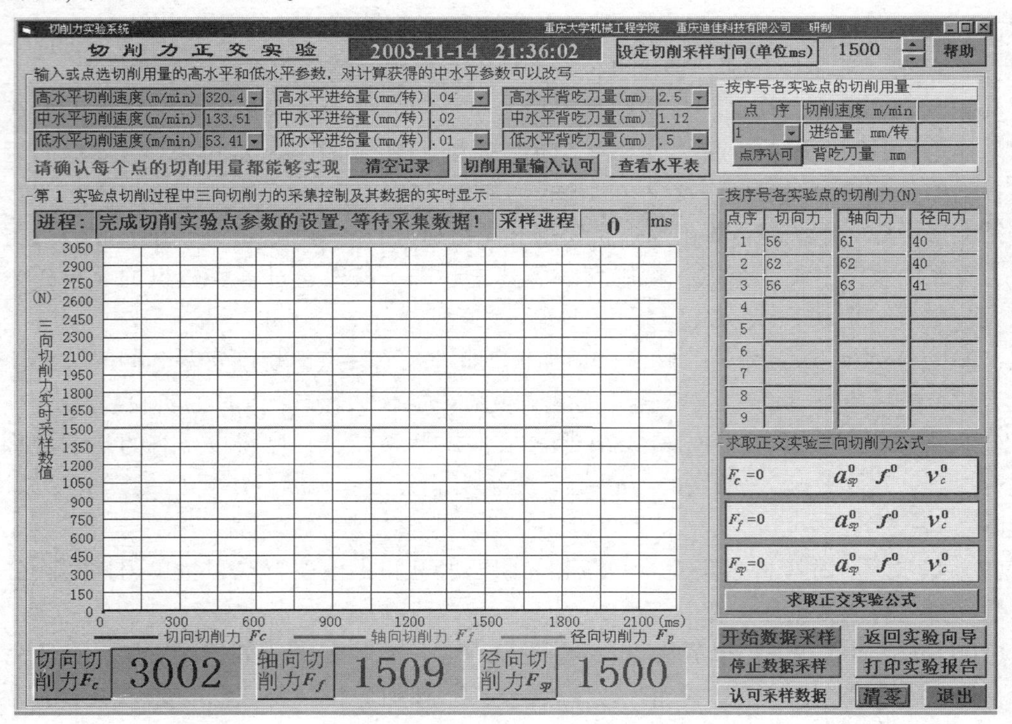

图7.2.7 切削力正交实验界面

（2）在切削力正交实验界面内输入切削速度、进给量和背吃刀量的高水平值与低水平值，系统将自动计算并显示中水平值。

(3) 单击"清空记录"按钮，软件将把上一次的切削用量数据和已完成的实验点的三向切削力实验数据从内存中和界面上清除，以便填写新的切削用量，进行新的切削实验，获得新的实验数据。

(4) 确认所有9个切削用量，再单击"切削用量输入认可"按钮，将所确定的切削用量写进实验数据库。

(5) 安排实验进程，首先单击"查看水平表"按钮，调出正交水平表，再根据其所示的这9个切削用量来安排实验进程。例如，应该先进行高水平背吃刀量各实验点的切削实验，而后是中水平的，再后才是低水平的，这样安排比较省料。当要求退出正交水平表时，只需对其双击即可。

(6) 在"按序号各实验点的切削用量"栏目内，按照所确定的实验进程，有目的地选择点序，再单击"点序认可"按钮，界面将显示出这一实验点的切削用量，据此调整车床，满足实验要求。

(7) 起动车床进行实验，此时的操作与单因素实验基本相同，完成各个点的切削，得到相对应的实验数据。

(8) 如此反复，完成所有9个实验点的切削过程，获得相关数据后，单击"求取正交实验公式"按钮，此即宣告正交实验结束，系统将进行以下工作：

①按照这些数据，计算获得三向切削力正交实验公式；

②在界面右下角显示这3个正交实验公式；

③将三向切削力正交实验公式、实验日期等参数写进切削力实验数据库。

到此实验基本结束，如果需要对实验的数据进行查询及打印，请阅读实验系统帮助，依据具体的步骤进行相应的操作。

【实验数据的处理及经验公式的建立】

在实验的数据处理过程中，本实验还用到了最小二乘法和一元线性回归以及多元线性回归等方法，而且应用拟合逼近的方法使数据更加符合实际情况。限于篇幅的原因，这里只对拟合后的公式进行适当的解释。

例如，在改变背吃刀量单因素切削力实验结束后将得到的公式为

$$F_c = C_{F_c} a_{sp}^{x_c}$$

$$F_f = C_{F_f} a_{sp}^{x_f}$$

$$F_{sp} = C_{F_p} a_{sp}^{x_{xp}}$$

式中：F_c——切向力；

F_f——轴向力；

F_{sp}——径向力；

C_{F_c}——背吃刀量对切向力 F_c 的影响系数；

C_{F_f}——背吃刀量对轴向力 F_f 的影响系数；

$C_{F_{sp}}$——背吃刀量对径向力 F_{sp} 的影响系数。

同样，在进行改变进给量单因素切削力实验和改变切削速度单因素切削力实验完成后，也将得到相类似的公式。

在进行完单因素切削力实验后，通过求取单因素实验综合公式，得到的公式为

$$F_c = C_{F_c} a_{sp}^{x_{sp}} f^{y_f} v_c^{z_c}$$

$$F_f = C_{F_f} a_{sp}^{x_{sp}} f^{y_f} v_c^{z_c}$$

$$F_{sp} = C_{F_{sp}} a_{sp}^{x_{sp}} f^{y_f} v_c^{z_c}$$

式中：C_{F_c} ——各个因素对切向力 F_c 的综合影响系数；

C_{F_f} ——各个因素对轴向力 F_f 的综合影响系数；

$C_{F_{sp}}$ ——各个因素对径向力 F_{sp} 的综合影响系数。

在正交实验的实验数据处理过程中，采用了 $L_9(3^4)$ 正交表，如表 7.2.1 所示。

表 7.2.1　正交实验的实验处理

水平实验号	因子号			
	1	2	3	4
1	1	1	1	1
2	1	2	2	2
3	1	3	3	3
4	2	1	2	3
5	2	2	3	1
6	2	3	1	2
7	3	1	3	2
8	3	2	1	3
9	3	3	2	1

经过 9 个点切削过程后，获得相关的数据，可以得到最后的三向切削力综合实验公式，其形式虽然与单因素实验综合公式完全相同，并且各个系数所表示的含义也对应类似，但本质上不相同，请同学们不要混淆。

注意，本实验中所有公式中的指数都表示相对应的影响指数，在不同的公式中有着不同的意义。

7.3　普通车床传动与结构及调整实验

【实验目的】

了解机床的传动系统、传动结构、机床的操纵机构及其操作方法，熟悉和掌握机床主要部件及其调整方法。

【实验设备】

CA6140 型普通车床。

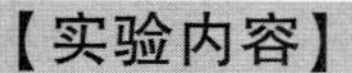

【实验内容】

(1) 了解机床的操纵方法和机床运动的调整方法。

(2) 了解主轴箱的结构、主轴变速操作机构的工作原理，了解离合器与制动器的调整方法。

【实验步骤】

(1) 闭合电源开关，闭合机床总开关，起动电动机，操纵离合器，使主轴启动、停止、反向，熟悉离合器操纵手柄的使用。

(2) 接通丝杠、加工螺纹传动链，掌握加工螺纹时机床的调整方法。调整机床，使其加工螺距 $t=3$ mm，旋向为左旋；$t=24$ mm，旋向为右旋。

(3) 接通光杠，熟悉机动进给手柄的操作方法。观察搬动手柄的操作方法，观察搬动手柄时刀架部件的运动状态。操纵快速电动机，使刀架快速移动。

(4) 断开机床总开关和电源开关，打开主轴箱，对照传动系统图找到各个传动轴，观察滑移齿轮的结构形式、固定齿轮的结构形式及固定方法。

(5) 观察离合器、制动器及其操纵方法，思考离合器与制动器怎样实现互锁。

(6) 观察Ⅱ轴上的滑移齿轮操纵机构，思考本机构使用了那些操纵件，滑移齿轮的位置是怎样保证的（即滑移齿轮是怎样定位的）。

(7) 观察轴Ⅳ轴上的滑移齿轮及主轴上的离合器，思考滑移齿轮与离合器是怎样操纵的，使用了那些操纵件。

(8) 掌握主轴的变速方法。

【注意事项】

(1) 机床起动时要远离机床运动部件，以免发生危险。机床主轴箱打开后，不要用手去摸齿轮离合器等，不要将杂物掉进主轴箱里，以免损坏设备。

(2) 机床起动前要对机床按要求进行润滑，实验完毕后将机床各部件及操纵机构复原并对机床导轨部分加油，打扫场地。

7.4　组合夹具拆装实验

【实验目的与要求】

组合夹具是在夹具设计高度标准化、通用化、系列化的基础上发展起来的一种夹具，它由一套预先制造好的，具有各种形状、规格和系列尺寸的标准元件和组件所组成。通过组合夹具拆装实验，学生可以加深对夹具的组成、定位夹紧等基本概念和应用方法的理解。要求学生根据给定的零件自行设计夹具拆装方案，或利用给定的组合夹具元件改进组装方案，夹具的定位、夹紧方案正确，结构合理，满足加工要求。

【实验仪器及设备】

组合夹具元件库，拆装、调整工具以及样件等。

【实验内容】

（1）掌握组合夹具的组成、结构及各部分的作用；

（2）理解组合夹具各部分连接方法，掌握组合夹具的装配过程；

（3）了解夹具与机床连接、定位方法以及加工前的对刀方法；

（4）完成工件加工过程中某一道工序的组合夹具拆装或改进。

【实验原理】

组合夹具元件按用途不同，可分为基础件、支承件、定位件、导向件、压紧件、紧固件、合件和其他件。

1. 基础件

基础件是组合夹具中最大的元件，通常用作组装夹具的基础，通过它把其他元件连接在一起，成为一套夹具。基础件按其形状特征可划分为正方形基础件、长方形基础件、圆形基础件等等，其外形如图 7.4.1 所示。

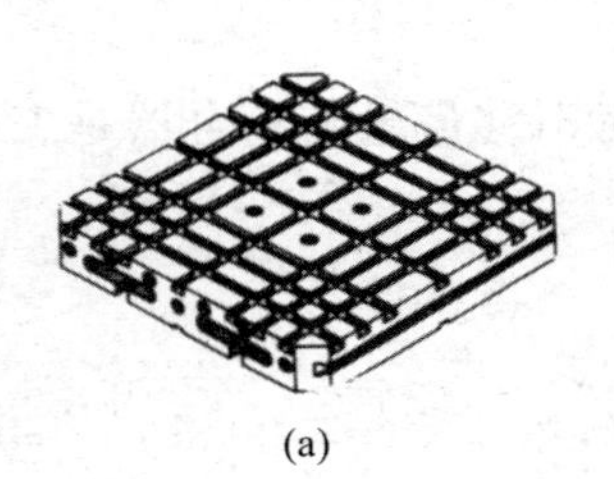

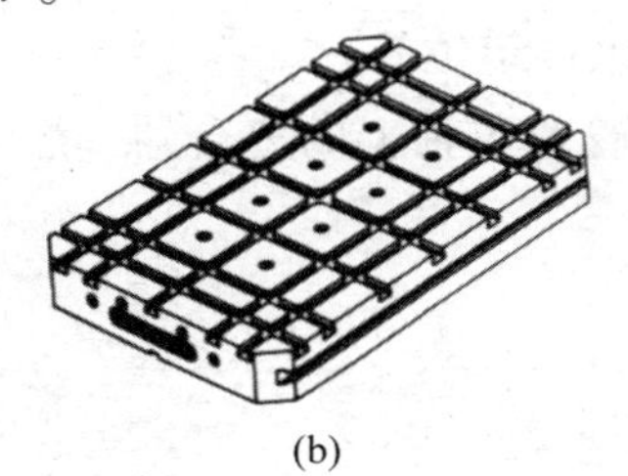

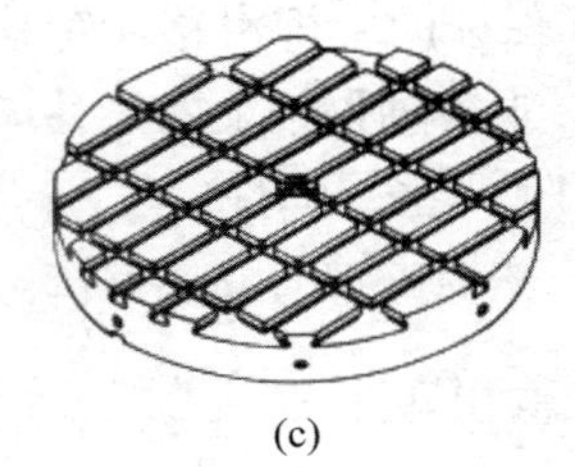

(a) (b) (c)

图 7.4.1　基础件外形

(a) 正方形基础件；(b) 长方形基础件；(c) 圆形基础件

2. 支承件

支承件是组合夹具中的骨架元件，它在夹具中起到上下连接的作用，即把上面的支承件、定位件、导向件等元件与其下面的基础件连成一体。其外形如图 7.4.2 所示。

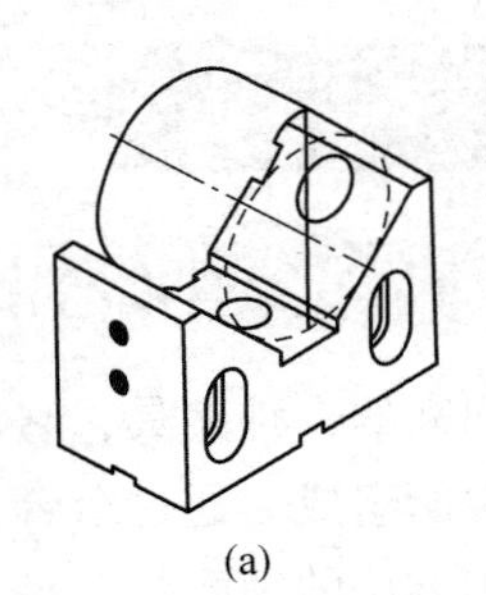

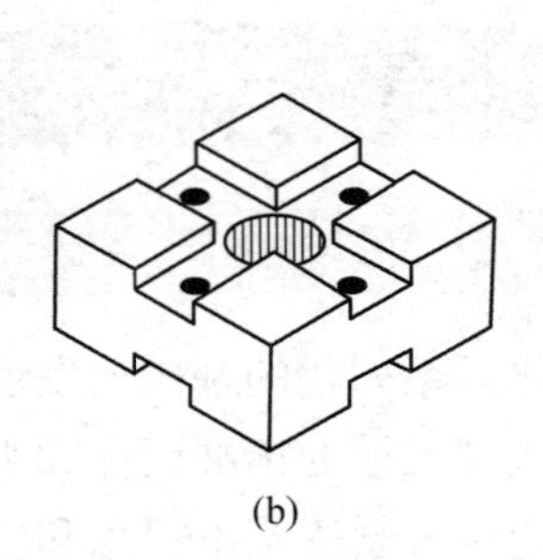

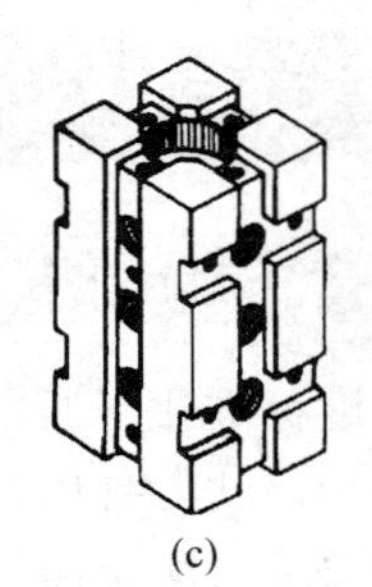

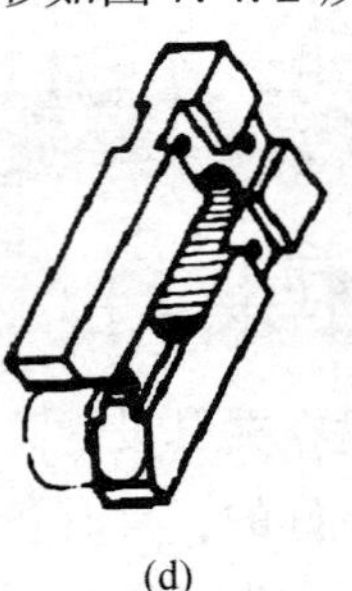

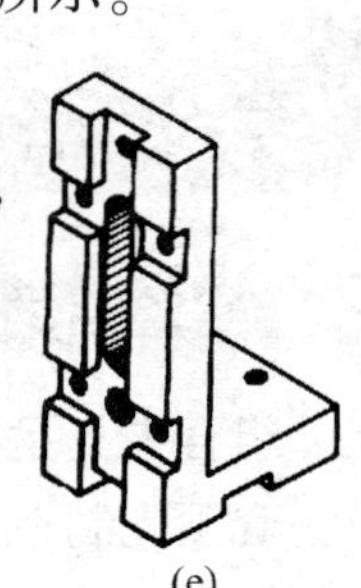

(a) (b) (c) (d) (e)

图 7.4.2　支承件外形

(a) V 形基座；(b) 方形垫板；(c) 正方形支承；(d) V 形垫板；(e) 支承角铁

3. 定位件

定位件用于保证夹具中各元件的定位精度和连接强度及整个夹具的可靠性，并用于被加工工件的正确安装和定位。定位件有定位键、定位销、定位支承、顶尖等元件。图 7.4.3 为常用定位元件的外形。

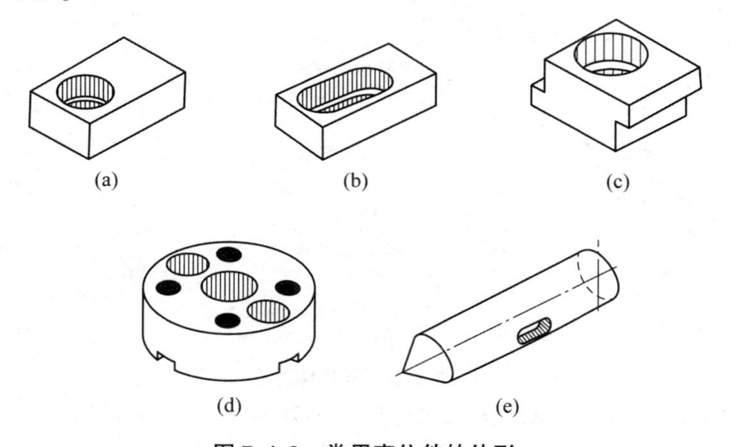

图 7.4.3　常用定位件的外形

（a）平键；（b）长平键；（c）平偏心键；（d）圆形定位盘；（e）直柄顶尖

4. 导向件

导向件用于保证切削刀具的正确位置，加工时起到引导刀具的作用，它主要用于钻、扩、铰、镗及攻丝等工序。有的导向件可用于工件定位，还有的可用于组合夹具系统中元件的导向。图 7.4.4 为常见钻模板的外形。

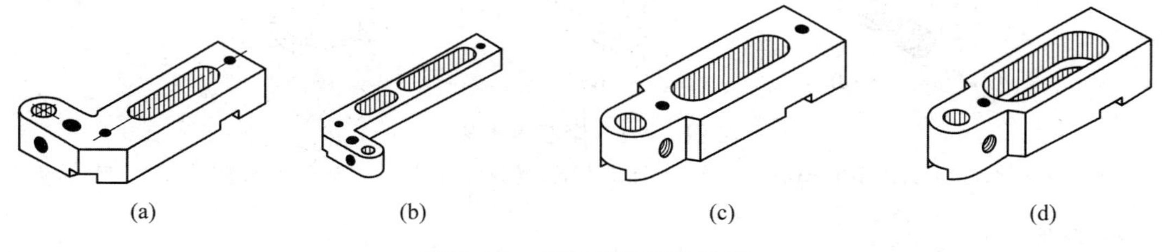

图 7.4.4　常见钻模板的外形

（a）十字槽右弯头钻模板；（b）左弯头钻模板；（c）十字槽钻模板；（d）沉头钻模板

5. 压紧件

压紧件主要用于将工件压紧在夹具上，以保证工件定位后的正确位置，并使工件在切削力的作用下保持位置不变。压紧件主要分为平面压紧件、回转压紧件、压块、异形压紧件等，其外形如图 7.4.5 所示。

6. 紧固件

紧固件主要用于连接组合夹具中的各种元件及紧固被加工工件。紧固件可分为螺栓、螺钉、垫圈和螺母等，其外形如图 7.4.6 所示。

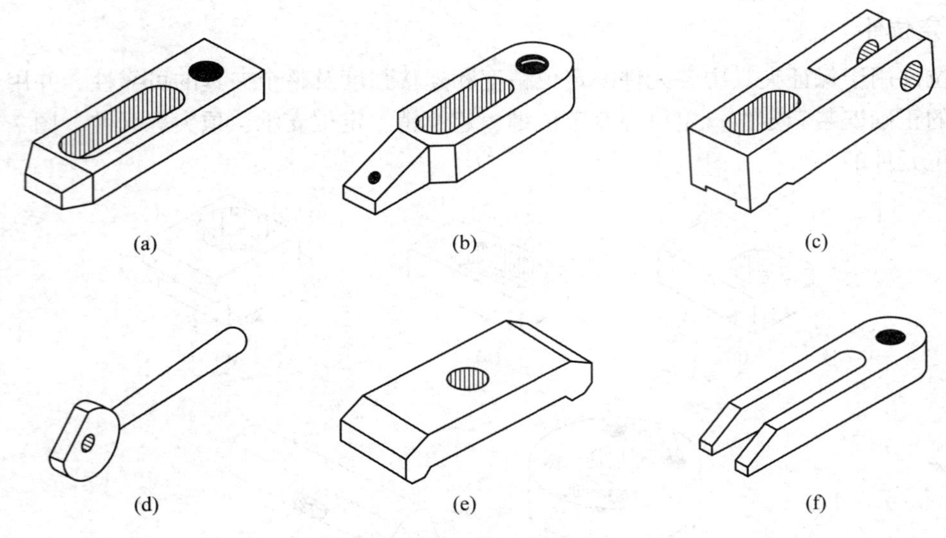

图 7.4.5　压紧件外形

（a）平压板；（b）伸长压板；（c）铰链压板；（d）偏心轮；（e）双头压板；（f）U 形压板

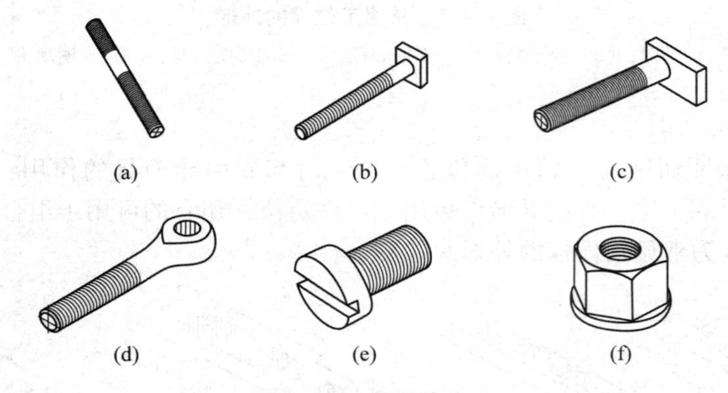

图 7.4.6　紧固件外形

（a）双头螺栓；（b）方形槽用螺栓；（c）长方形槽用螺栓；（d）关节螺栓；（e）圆柱头螺钉；（f）带肩螺母

7. 合件

合件由若干零件装配而成，一般在使用中不再拆卸。它能提高组合夹具的万能性，扩大其使用范围，加快其组装速度，简化其结构等。图 7.4.7 为常用合件的外形。

图 7.4.7　常用合件的外形

（a）顶尖座；（b）垂直键槽折合板

8. 其他件

其他件主要作为夹具辅助元件使用，虽然这类元件大多数结构简单，但充分利用好这些元件，可以改善夹具结构、提高夹具的工作效率。图 7.4.8 为常用其他件结构。

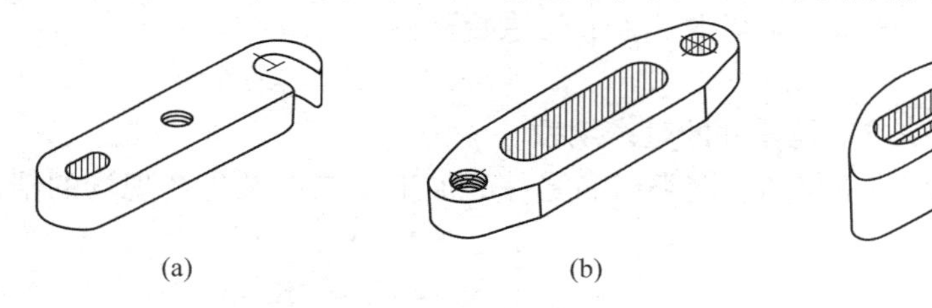

图 7.4.8　常用其他件结构

（a）回转板；（b）连接板；（c）平衡块

【实验步骤】

（1）熟悉组合夹具的总体结构，找出夹具中的定位元件、夹紧元件、对刀元件、夹具体及导向元件，熟悉各元件之间的连接及定位关系。

（2）使用工具，按顺序把现有的夹具各连接元件拆开，注意各元件之间的连接状况，注意拆装顺序和各元件的归类摆放。

（3）根据工件的加工要求选取某一道工序进行工装夹具设计，拟定工件在夹具中的定位和夹紧方案。

（4）选取需要的元件，利用工具按正确的顺序装配各元件，并调整好各工作表面之间的位置。

（5）将工件安装到夹具中，使工件在夹具中具有正确的定位、夹紧可靠。

（6）将夹具安装到机床的工作台上，调整好刀具和工件的相对位置，注意夹具在机床上的定位，调整好夹具相对机床的位置，将夹具夹紧。

7.5　机械加工工艺规程的编制

【实验目的】

了解工艺规程的作用及编制原则，根据零件图样能进行工艺性分析，根据设备条件、生产类型等具体情况，能拟订出合理经济的机械加工工艺规程；熟悉提高劳动生产率的途径和成组加工技术。通过实验应达到以下要求：

（1）了解相关技术及资料如产品零件图等，确定生产纲领，了解生产条件及资源；

（2）设计加工工艺方案，对其进行合理性分析与选择；

（3）能定出零件加工工艺过程卡一套。

【实验仪器及设备】

1. 原始资料

编制机械加工工艺规程前，应至少具备下列原始资料：

（1）产品的零件图；

（2）产品的生产类型或者是零件的生产纲领。

如有可能，收集产品的总装图、同类产品零件的加工工艺以及生产现场的情况（设备、人员、毛坯供应）等。

2. 遵循原则

编制机械加工工艺规程时，应首先遵循以下原则：

（1）应以保证零件加工质量，达到设计图纸规定的各项技术要求为前提；

（2）在保证加工质量的基础上，应使工艺过程有较高的生产效率和较低的成本；

（3）应充分考虑零件的生产纲领和生产类型，充分利用现有的生产条件，并尽可能做到平衡生产；

（4）尽量减轻工人劳动强度，保证安全生产，创造良好、文明的劳动条件；

（5）积极采用先进技术和工艺，力争减少材料和能源消耗，并应符合环境保护的要求。

【实验内容】

（1）绘制零件图，分析零件特点，找出主要要求；

（2）确定零件各表面的成型方法及余量，绘制毛坯图；

（3）安排加工顺序，制定工艺路线；

（4）进行工序计算；

（5）填写工艺文件。

【实验步骤】

1. 零件分析与确定毛坯

1）零件分析

零件分析主要包括：分析零件的几何形状、加工精度、技术要求、工艺特点，同时对零件的工艺性进行研究。

（1）抄画零件图。了解零件的几何形状、结构特点以及技术要求，如有装配图，了解零件在所装配产品中的作用。

零件由多个表面构成，既有基本表面，如平面、圆柱面、圆锥面及球面，又有特形表面，如螺旋面、双曲面等。不同的表面对应不同的加工方法，并且不同精度、粗糙度的表面，对加工方法的要求也不同。

（2）确定加工表面。找出零件的加工表面及其精度、粗糙度要求，结合生产类型，可查阅工艺手册中典型表面的典型加工方案和各种加工方法所能达到的经济加工精度，选取该表面对应的加工方法及加工次数。查各种加工方法的余量，确定表面每次加工的余量，并计算得到该表面的总加工余量。

(3) 确定主要表面。按照组成零件各表面所起的作用，确定起主要作用的表面。主要表面的精度和粗糙度要求通常比较严格，在设计工艺规程时应首先保证。

零件分析时，重点注意主要加工面的尺寸、形状精度、表面粗糙度以及主要表面与其他表面的相互位置精度要求，做到心中有数。

2）确定毛坯

(1) 选择毛坯制造方法。

毛坯的种类有：铸件、锻件、型材、焊接件及冲压件。确定毛坯种类和制造方法时，在考虑零件的结构形状、性能、材料的基础上，还要考虑与规定的生产类型（批量）相适应。对于锻件，应合理确定其分模面的位置；对于铸件，应合理确定其分型面及浇冒口的位置，以便在粗基准选择及确定定位和夹紧点时有所依据。

(2) 确定毛坯余量。

查毛坯余量表，确定各加工表面的总余量、毛坯的尺寸及公差。

余量修正。将查得的毛坯总余量与零件分析中得到的加工总余量对比，若毛坯总余量比加工总余量小，则须调整毛坯余量，以保证有足够的加工余量；若毛坯总余量比加工总余量大，则考虑增加走刀次数，或是减小毛坯总余量。

(3) 绘制毛坯图。

毛坯轮廓用粗实线绘制，零件实体用双点画线绘制，比例尽量取 1∶1。毛坯图上应标出毛坯尺寸、公差、技术要求，以及毛坯制造的分模面、圆角半径和拔模斜度等。

2. 工艺路线的拟定

零件机械加工工艺过程是工艺规程设计的中心问题，其内容主要包括：选择定位基准、安排加工顺序、确定各工序所用机床设备和工艺装备等。

零件的结构、技术特点和生产批量将直接影响所制定的工艺规程的具体内容和详细程度，这在制定工艺路线的各项内容时必须随时注意。

以上各方面与零件的加工质量、生产率和经济性有着密切的关系，“优质、高产、低耗”原则必须在此步骤中得到统一的解决。因此，设计时应同时考虑几个方案，经过分析比较，选择出比较合理的方案。

1）定位基准的选择

正确地选择定位基准是设计工艺过程的一项重要内容，也是保证零件加工精度的关键。

定位基准分为精基准、粗基准及辅助基准。在最初加工工序中，只能用毛坯上未经加工的表面作为定位基准（粗基准）。在后续工序中，则使用已加工表面作为定位基准（精基准）。为了使工件便于装夹和易于获得所需的加工精度，可在工件上某部位作一辅助基准，用以定位。

选择定位基准时，既要考虑零件的整个加工工艺过程，又要考虑零件的特征、设计基准及加工方法，根据粗、精基准的选择原则，合理选定零件加工过程中的定位基准。

通常在制定工艺规程时，总是先考虑选择怎样的精基准以保证达到精度要求并把各个表面加工出来，即先选择零件表面最终加工所用的精基准和中间工序所用的精基准，然后再考虑选择合适的最初工序的粗基准，把精基准面加工出来。

2）拟定零件加工工艺路线

在零件分析中确定了各个表面的加工方法以后，安排加工顺序就成了工艺路线拟定的一

个重要环节。

通常，机加工顺序安排的原则可概括为十六个字：先粗后精、先主后次、先面后孔、基面先行。安排加工顺序时可以考虑先主后次，将零件分析主要表面的加工次序作为工艺路线的主干进行排序，即零件的主要表面先粗加工，再半精加工，最后是精加工；如果还有光整加工，可以放在工艺路线的末尾，次要表面穿插在主要表面加工顺序之间；多个次要表面排序时，按照和主要表面位置关系确定先后；平面加工安排在孔加工前；最前面的工序是粗基准面的加工，最后面的工序可安排清洗、去毛刺及最终检验。

对热处理工序、中间检验等辅助工序，以及一些次要工序等，在工艺方案中应安排在适当的位置，防止遗漏。

对于工序集中与分散、加工阶段划分的选择，主要表面粗、精加工阶段要划分开。如果主要表面和次要表面相互位置精度要求不高时，主要表面的加工尽量采取工序分散的原则，这样有利于保证主要表面的加工质量。

根据零件加工顺序安排的一般原则及零件的特征，在拟定零件加工工艺路线时，各种工艺资料中介绍的各种典型零件在不同产量下的工艺路线（其中已经包括了工艺顺序、工序集中与分散和加工阶段的划分等内容），以及在生产实习和工厂参观时所了解到的现场工艺方案，皆可供设计时参考。

3）选择设备及工艺装备

设备（即机床）及工艺装备（即刀具、夹具、量具、辅具）类型的选择应考虑下列因素：

（1）零件的生产类型；

（2）零件的材料；

（3）零件的外形尺寸和加工表面尺寸；

（4）零件的结构特点；

（5）加工质量要求、生产率、经济性等。

选择时还应充分考虑工厂的现有生产条件，尽量采用标准设备和工具。

设备及工艺装备的选择可参阅有关的工艺、机床和刀具、夹具、量具和辅具手册。

4）工艺方案和内容的论证

根据设计零件的不同的特点，可有选择地进行以下几方面的工艺论证。

（1）对于比较复杂的零件，可考虑 2 个甚至更多的工艺方案进行分析比较，择优而定，并在说明书中论证其合理性。

（2）当零件的主要技术要求是通过两个甚至更多个工序综合加以保证时，应对有关工序进行分析，并用工艺尺寸链方法加以计算，从而有根据地确定该主要技术要求得以保证。

（3）对于影响零件主要技术要求且误差因素较复杂的重要工序，需要分析论证如何保证该工序技术要求，从而明确提出对定位精度、夹具设计精度、工艺调整精度、机床和加工方法精度甚至刀具精度（若有影响）等方面的要求。

（4）其他在设计中需要应加以论证分析的内容。

3. 工序设计及填写工艺文件

1）工序设计

对于工艺路线中的工序，按照要求进行工序设计，其主要内容如下。

（1）划分工步。根据工序内容及加工顺序安排的一般原则，合理划分工步。

（2）确定加工余量。用查表法确定各主要加工面的工序（工步）余量。因毛坯总余量已由毛坯（图）在设计阶段定出，故粗加工工序（工步）余量应由总余量减去精加工、半精加工余量得出。若某一表面仅需一次粗加工即成型，则该表面的粗加工余量就等于已确定出的毛坯总余量。

（3）确定工序尺寸及公差。对简单加工的情况，工序尺寸可由后续加工的工序尺寸加上名义工序余量简单求得，工序公差可用查表法按加工经济精度确定。对于加工时有基准转换的较复杂的情况，需用工艺尺寸链来求算工序尺寸及公差。

（4）选择切削用量。切削用量可用查表法或访问数据库方法初步确定，再参照所用机床实际转速、走刀量的挡数最后确定。

（5）确定加工工时。对加工工序进行时间定额的计算，主要是确定工序的机加工时间。对于辅助时间、服务时间、自然需要时间及每批零件的准备终结时间等，可按照有关资料提供的比例系数估算。

2）填写工艺文件

（1）填写机械加工工艺过程综合卡。工艺过程综合卡包含上面所述的有关选择、确定及计算的结果。机械加工以前的工序如铸造、人工时效等在工艺过程综合卡中可以有所记载，但不编工序号，工艺过程综合卡在课程设计中只填写本次课程设计所涉及的内容。

（2）填写指定工序的机械加工工序卡。该工序由指导教师指定，工序卡除包含上面所述的有关选择、确定及计算的结果之外，还要求绘制出工序简图。

工序简图按照缩小的比例画出，不一定很严格。如零件复杂不能在工序卡中表示时，可用另一页单独绘出。工序简图尽量选用一个视图，图中工件处在加工位置、夹紧状态，用细实线画出工件的主要特征轮廓。

第8章 测控技术实验

8.1 常见传感器认识及使用练习

【实验目的】

(1) 认识电容式传感器、电涡流传感器、霍尔传感器、光纤式传感器、热电偶等常用传感器。

(2) 熟悉常用传感器的结构和工作原理。

(3) 练习常用传感器的使用方法。

【实验原理】

(1) 电容式传感器：利用平板电容 $C = \varepsilon A/d$ 和其他结构的关系式，通过改变其中一个参数，实现谷物干燥度（ε 变）、微小位移（d 变）和液位（A 变）等多种检测。

(2) 霍尔式传感器：根据霍尔效应知霍尔电势 $U_H = K_H IB$，当霍尔元件在梯度磁场中运动时，可以进行位移测量。

(3) 光纤式传感器：由光源发出的光通过光纤传到端部射出后再经被测体反射回来，由另一束光纤接收反射光信号再由光电转换器转换成电压信号。由于光电转换器转换的电压大小与间距 X 有关，因此可用于测量位移。

(4) 电涡流传感器：通以高频电流的线圈会产生磁场，当有导电体接近时，因导电体涡流效应产生涡流损耗。由于涡流损耗与导电体离线圈的距离有关，因此可以进行位移测量。

【实验仪器设备】

电容式传感器及实验模块、霍尔式传感器及实验模块、光纤式传感器及实验模块、电涡流传感器及实验模块、直流电源、测微头、数显单元（主控台电压表）、万用表。

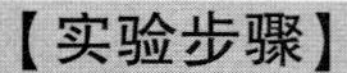

【实验步骤】

1. 电容式传感器

（1）将电容式传感器装于电容式传感器实验模块上，如图 8.1.1 所示。

（2）将电容式传感器专用连线插入电容传感器实验模块专用接口，接线图如图 8.1.2 所示。

（3）将电容式传感器实验模块的输出端 V_{o1} 与数显表单元（主控台电压表）V_i 相接，R_w 调节到中间位置。

（4）接入±15 V 电源，旋动测微头推进电容式传感器动极板位置，每隔 0.5 mm 记下位移 X 与输出电压值 V（此时电压挡位打在 20 V），填入表 8.1.1。

（5）根据表 8.1.1 数据计算电容式传感器的系统灵敏度和非线性误差。

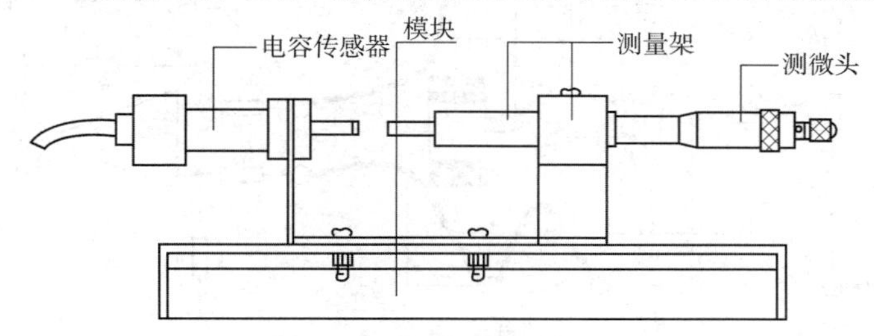

图 8.1.1 电容传感器安装示意图

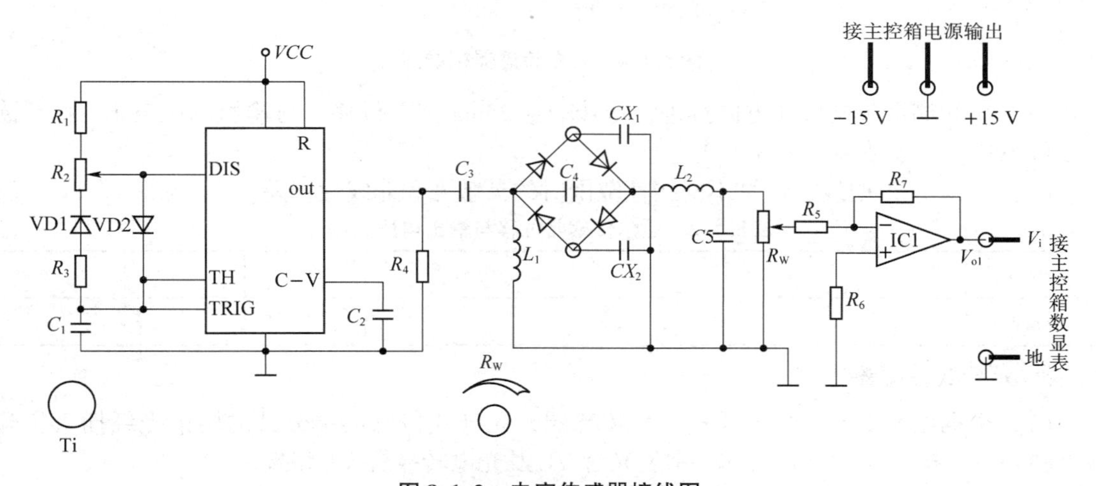

图 8.1.2 电容传感器接线图

表 8.1.1 电容式传感器位移与输出电压数据

X/mm								
V/mV								

2. 霍尔传感器

（1）霍尔传感器与实验模块的连接如图 8.1.3 所示。传感器的连接图如图 8.1.4 所示。

（2）接通电源，调节测微头使霍尔片在磁钢中间位置，再调节 R_{w1}（R_{w3} 处于中间位置）使数显表指示为 0。

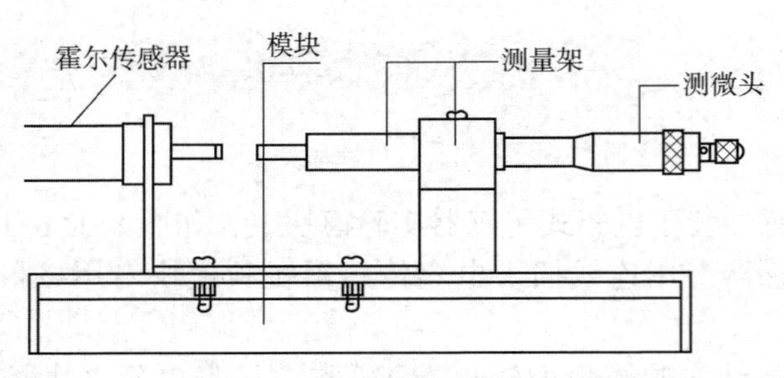

图 8.1.3　霍尔传感器安装示意图

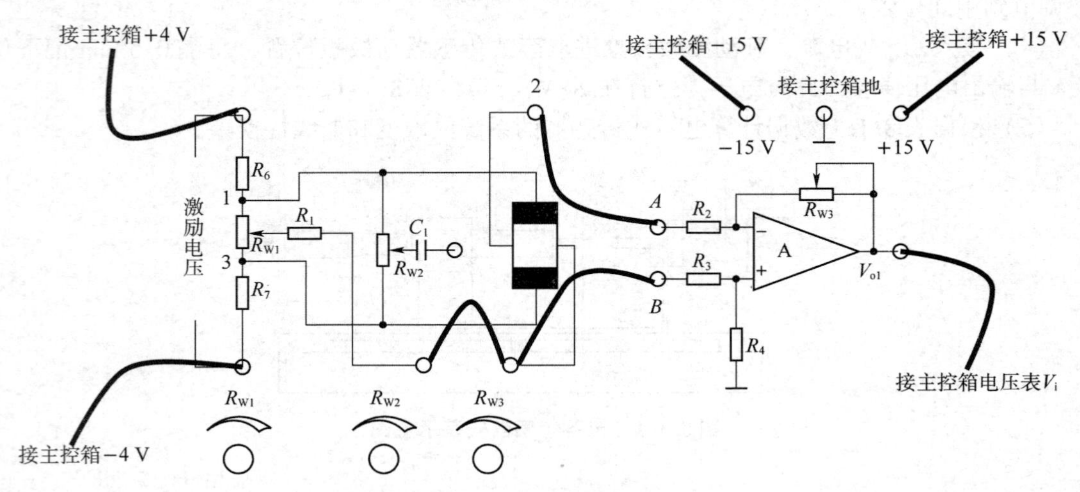

图 8.1.4　霍尔传感器接线图

（3）旋转测微头向轴向方向推进，每转动 0.2 mm 记下位移 x 与输出电压值 V，直到读数近似不变，将读数填入表 8.1.2。

（4）作出 V-X 曲线，计算不同线性范围时的灵敏度和非线性误差。

表 8.1.2　霍尔传感器位移与输出电压数据

X/mm								
V/mV								

3. 光纤式传感器

（1）根据图 8.1.5 安装光纤式位移传感器，光纤式传感器中分叉的两束光纤插入实验板上的光电变换座孔上。其内部已和发光管 VL 及光电转换管 VT 相接。

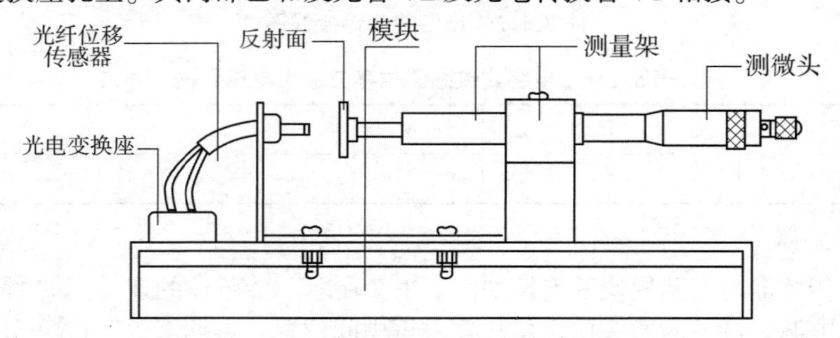

图 8.1.5　光纤位移传感器安装示意图

（2）将光纤实验模块输出端 V_{o1} 与数显单元（电压挡位打在 20 V）相连，如图 8.1.6 所示。

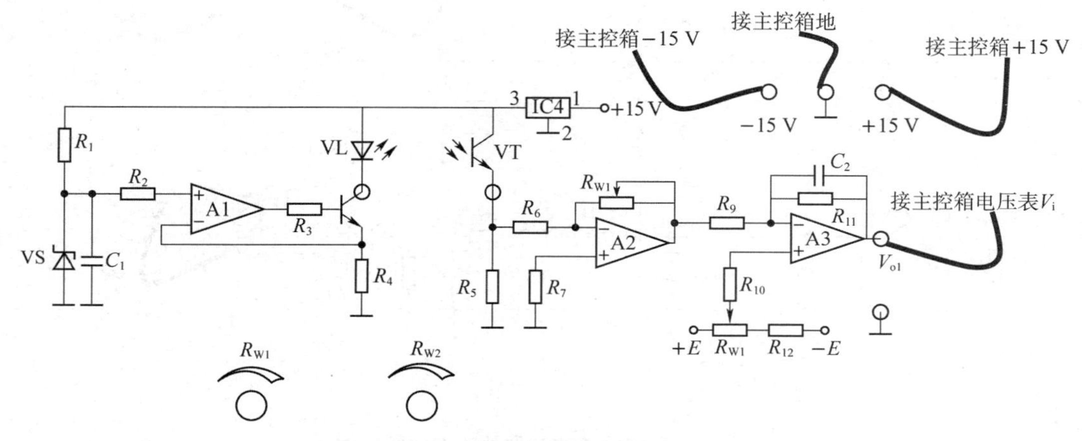

图 8.1.6　光纤式位移传感器接线图

（3）调节测微头，使探头与反射平板轻微接触。

（4）实验模块接入±15 V 电源，合上主控箱电源开关，调节 R_{w1} 到中间位置，调 R_{w2} 使数显表显示为 0。

（5）旋转测微头，被测体离开探头，每隔 0.1 mm 记下位移 X−5 输出电压值，将其填入表 8.1.3。

表 8.1.3　光纤式位移传感器位移与输出电压数据

X/mm								
V/mV								

（6）根据表 8.1.3 的数据，分析光纤式位移传感器的位移特性，计算在量程 1 mm 时的灵敏度和非线性误差。

4. 电涡流传感器

（1）根据图 8.1.7 安装电涡流传感器，观察传感器结构，在测微头端部装上铁质金属圆片，作为电涡流传感器的被测体。将电涡流传感器输出线接入模块上标有 Ti 的插孔中，作为振荡器的一个元件，如图 8.1.8 所示。

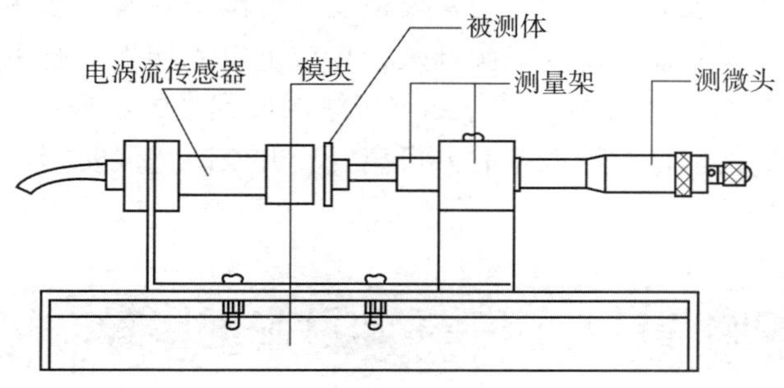

图 8.1.7　电涡流传感器安装示意图

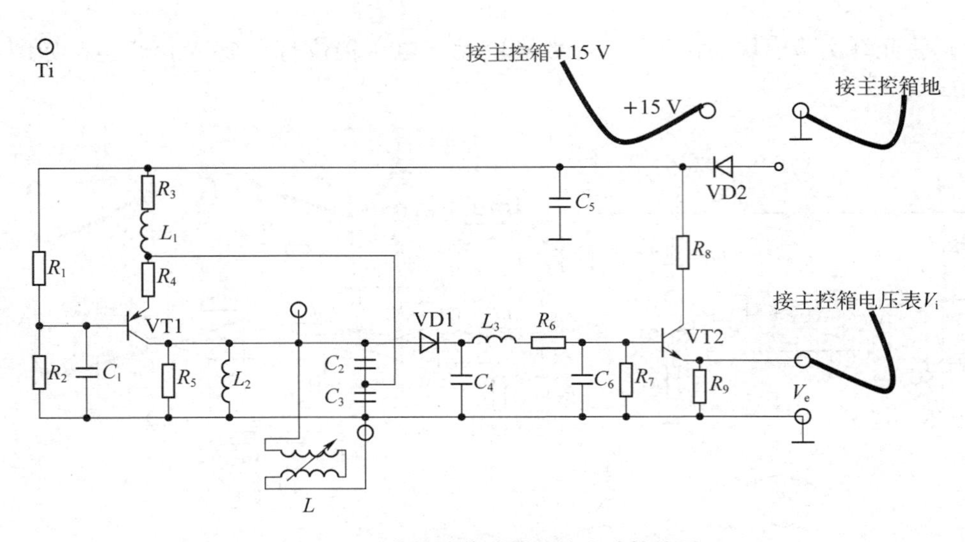

图 8.1.8 电涡流传感器位移实验接线图

(2) 实验模块输出端 V_o 与数显单元输入端 V_i 相接。数显表量程切换开关选择电压 20 V。用导线从主控台接入+15 V 直流电源到模块上标有+15 V 的插孔中，同时主控台的“地”与实验模块的“地”相连。

(3) 使测微头与传感器线圈端部有机玻璃平面接触，开启主控箱电源开关（数显表读数能调到 0 的使接触时数显表读数为 0 且刚要开始变化），记下数显表读数，然后每隔 0.2 mm（或 0.5 mm）记下位移 X 与输出电压值 V，直到输出几乎不变为止。将结果列入表 8.1.4。

表 8.1.4 电涡流传感器位移与输出电压数据

X/mm								
V/mV								

【注意事项】

(1) 连接电路时，必须断开控制台的电源，连接完成后经指导教师检查同意方可接通电源；

(2) 插拔导线及调节仪器旋钮时，力量要适度，严禁损坏设备和违规操作；

(3) 实验结束后，应先关闭仪器电源开关，再拔下电源插头，避免仪器受损；

(4) 2 ~ 3 人一组进行操作练习，并仔细记录测试过程中的数据；

(5) 实验结束后，整理好仪器设备后方可离开，并及时完成实验报告。

8.2 电桥电路设计应用——电子秤的设计

【实验目的】

(1) 掌握金属箔式应变片的应变效应、单臂和半桥电路工作原理和性能。

（2）学会利用应变片构建质量检测系统，实现一个简易电子秤功能。

【实验原理】

电阻丝在外力作用下发生机械变形时，其电阻值发生变化，这就是电阻应变效应。描述电阻应变效应的关系式为

$$\Delta R/R = K\varepsilon$$

式中：$\Delta R/R$ 为电阻丝电阻的相对变化；K 为应变灵敏系数；$\varepsilon = \Delta l/l$ 为电阻丝长度相对变化。

金属箔式应变片就是通过光刻、腐蚀等工艺制成的应变敏感元件，用于转换被测部位的受力状态变化；电桥的作用是完成电阻到电压的比例变化，其输出电压反映了相应的受力状态。单臂电桥输出电压 $U_{o1} = EK\varepsilon/4$。

【实验仪器与设备】

应变式传感器实验模块、砝码、数显表（主控台上电压表）、±15 V 电源、±4 V 电源、万用表。

【实验步骤】

1. 检查应变式传感器的安装

如图 8.2.1 所示，将应变式传感器装于应变式传感器模块上。传感器中各应变片已接入模块的左上方的 R_1、R_2、R_3、R_4。加热丝也接于模块上，可用万用表进行测量判别，各应变片初始阻值 $R_1=R_2=R_3=R_4=$（351±2）Ω，加热丝初始阻值为 20～50 Ω。

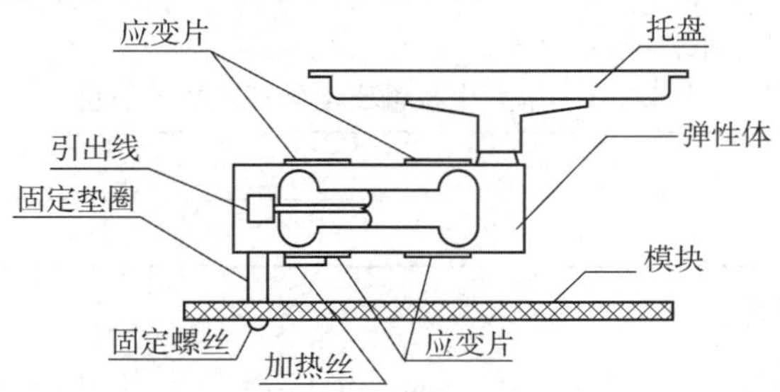

图 8.2.1　应变式传感器的安装示意图

2. 差动放大器的调零

首先，将实验模块调节增益电位器 R_{w3} 顺时针拧到底（即此时放大器增益最大）；然后，将差动放大器的正、负输入端相连并与地短接，输出端与主控台上的电压表输入端 V_i 相连。检查无误后从主控台上接入模块电源±15 V 以及地线。合上主控台电源开关，调节实验模块上的调零电位器 R_{w4}，使电压表显示为 0（电压表的切换开关打到 2 V 挡）。关闭主控箱电源。(注意：R_{w4} 的位置一旦确定，就不能改变，一直到做完实验为止)

3. 电桥调零

适当调小增益 R_{w3}（顺时针旋转 3～4 圈，电位器最大可顺时针旋转 5 圈），将应变式传感器的其中一个应变片 R_1（即模块左上方的 R_1）接入电桥（见图 8.2.2），作为一个桥臂与 R_5、R_6、R_7 接成直流电桥（R_5. R_6. R_7 模块内已连接好，其中模块上虚线电阻符号为示意符

号，没有实际的电阻存在）。给桥路接入±4 V电源（从主控箱引入），同时，将模块左上方拨段开关拨至左边直流挡（直流挡和交流挡调零电阻阻值不同）。检查接线无误后，合上主控箱电源开关。调节电桥调零电位器 R_{w1}，使电压表显示为0。

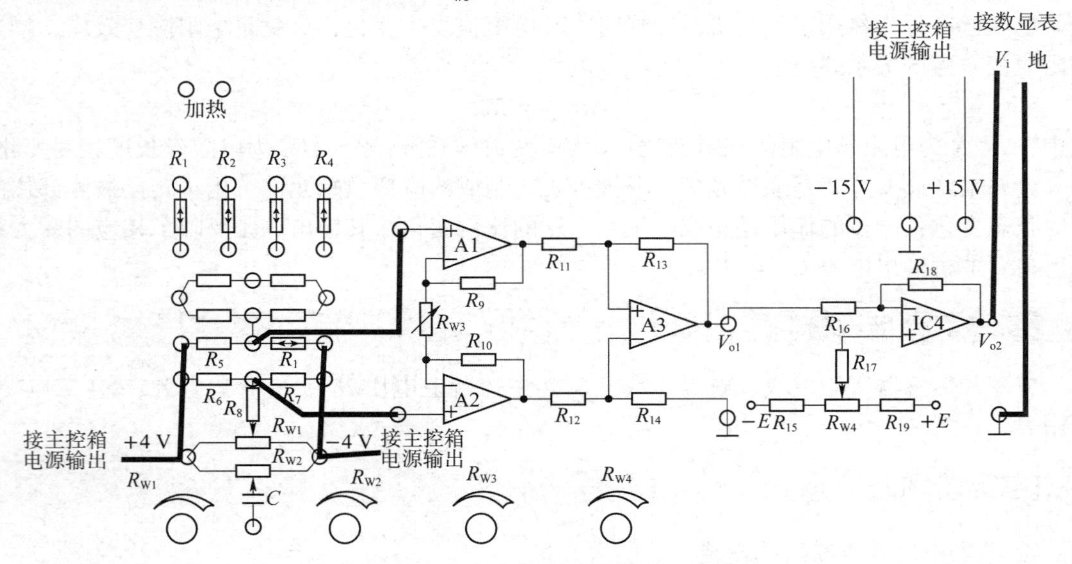

图8.2.2 应变式传感器模块接线图

4. 测量并记录

在电子秤上放置一只砝码，读取数显表数值，依次增加砝码和读取相应的数值，直到10只砝码加完。记下实验结果填入表8.2.1，关闭电源。

表8.2.1 单臂电桥输出电压与加负载质量

质量/g								
电压/mV								

5. 计算灵敏度和误差

根据表8.2.1计算系统灵敏度 S，$S=\Delta u/\Delta W$（Δu 为输出电压变化量，ΔW 为重量变化量）；计算非线性误差，$\delta_{f1}=\Delta m/y_{F.S}\times100\%$，$\Delta m$ 为输出值（多次测量时为平均值）与拟合直线的最大偏差，$y_{F.S}$ 为满量程输出平均值，此处为500 g或200 g。

6. 半桥电路测量

保持金属箔式应变片实验单臂电桥性能实验中的 R_{w3} 和 R_{w4} 的当前位置不变。根据图8.2.3接线。R_1、R_2 为实验模块左上方的应变片，此时要根据模块上的标识确认 R_1 和 R_2 受力状态相反，即将传感器中两片受力相反（一片受拉、一片受压）的电阻应变片作为电桥的相邻边。给桥路接入±4 V电源，检查连线无误后，合上主控箱电源，调节电桥调零电位器 R_{w1} 进行桥路调零。依次轻放标准砝码，将实验数据记入表8.2.2，根据表8.2.2计算灵敏度 S、非线性误差 δ_{f2}。

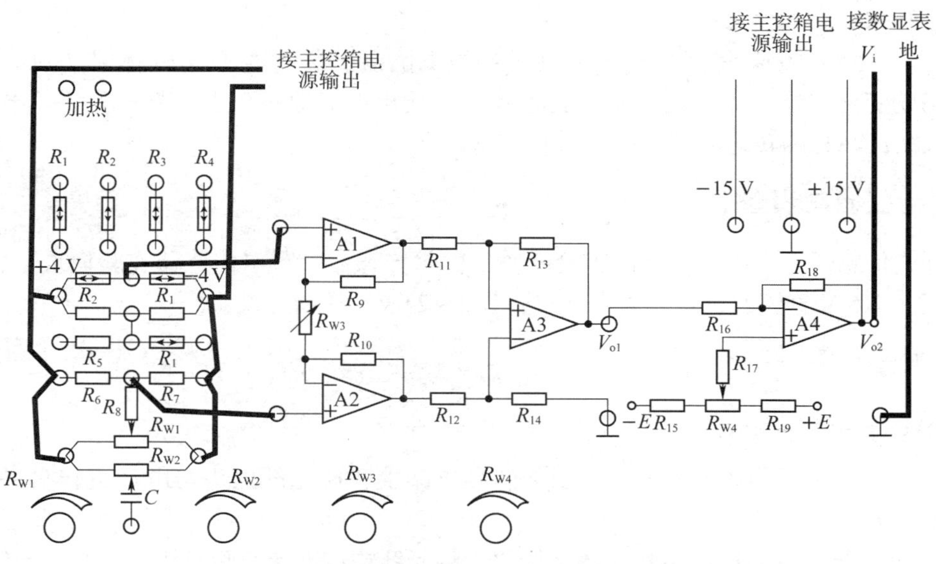

图 8.2.3　应变式传感器半桥电路接线图

表 8.2.2　半桥测量时输出电压与加负载质量

质量/g								
电压/mV								

【注意事项】

（1）如出现零漂现象，则是在供电电压下，应变片本身通过电流所形成的应变片温度效应的影响。可观察零漂数值的变化，若调零后数值稳定下来，表示应变片已处于工作状态，时间大概 5 ~ 10 min。

（2）如出现数值不稳定、电压表读数随机跳变情况，可再次确认各实验线的连接是否牢靠，且保证实验过程中，尽量不接触实验线。另外，由于应变实验增益比较大，实验线陈旧或老化后产生线间电容效应，也会产生此现象。

（3）因差动放大器放大倍数很高，应变式传感器实验模块对各种信号干扰很敏感，所以在用应变模块做实验时模块周围不能放置有无线数据交换的设备，如正在无线上网的手机、iPad、笔记本电脑等。

8.3　转速测量实验

【实验目的】

掌握光纤式传感器和霍尔传感器用于测量转速的方法。

【实验原理】

（1）光纤式传感器探头对旋转体被测物反射光的明显变化产生的电脉冲，经电路处理

即可测量转速。

（2）利用霍尔效应表达式 $U_H = K_H IB$，当被测圆盘上装上 N 只磁性体时，圆盘每转一周，磁场就变化 N 次，霍尔电势相应变化 N 次，输出电势通过放大、整形和计数电路就可以测量被测旋转物的转速（转速=60×频率/12）

【实验仪器与设备】

光纤式传感器、光纤式传感器实验模块、霍尔传感器、霍尔传感器实验模块、转速/频率数显表、±15 V 直流源、转速对应电压调节 2～24 V，转动源模块。

【实验步骤】

1. 光纤式传感器实验

（1）光纤式传感器按图 8.3.1 装于传感器支架上，使光纤探头与电动机转盘平台中磁钢反射点对准。

（2）接“光纤位移特性实验”的连线图，将光纤式传感器实验模块输出 V_{o1} 与数显电压表 V_i 端相盘，使探头避开反射面（暗电流）。合上主控箱电源开关，调节 R_{w2} 使数显表显示接近零（≥0），此时 R_{w1} 处于中间位置。

（3）用手转动圆盘，使光纤探头对准反射点，调节升降支架高低，使数显表指示最大，重复（1）、（2）步骤，直至两者的电压差值最大，再将 V_{o1} 与转速/频率数显表 F_i 输入端相接，数显表波段开关拨到转速挡。

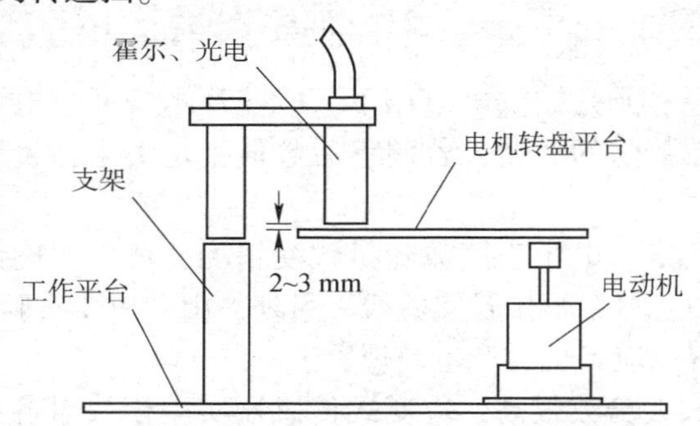

图 8.3.1　霍尔、光电、磁电转速传感器安装示意图

（4）将转速调节 2～24 V，接入转动电源 24 V 插孔上，使电动机转动。逐渐加大转速源电压，使电动机转速盘加快转动，固定某一转速，观察并记下数显表上的读数 n_1。

（5）固定转速源电压不变，将选择开关拨到频率测量挡，测量频率，记下频率读数，根据转盘上的测速点数折算成转速值 n_2。

（6）将实验步骤（4）与实验步骤（3）比较，以转速 n_1 作为真值计算 2 种方法的测速误差（相对误差），相对误差 $r=[(n_1-n_2)/n_1]\times100\%$。

2. 霍尔传感器

（1）根据图 8.3.1，将霍尔传感器装于传感器支架上，探头对准反射面的磁钢。

（2）将直流源加于霍尔元件电源输入端。红色线接+5 V，黑色线接地。

（3）将霍尔传感器输出端（蓝色线）插入数显单元 F_i 端。

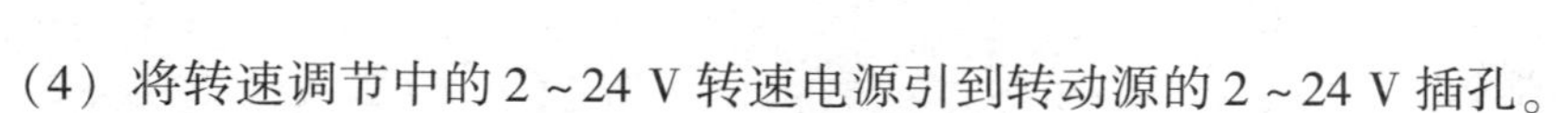

（4）将转速调节中的2～24 V转速电源引到转动源的2～24 V插孔。

（5）将数显单元上的转速/频率表波段开关拨到转速挡，此时数显表指示转速。

（6）调节电压使转动速度变化。观察数显表转速显示的变化。

【注意事项】

（1）连接电路时，必须断开控制台的电源，连接完成后经指导教师检查同意方可接通电源；

（2）插拔导线及调节仪器旋钮时，力量要适度，严禁损坏设备和违规操作；

（3）实验结束后，应先关闭仪器电源开关，再拔下电源插头，避免仪器受损。

（4）2～3人一组进行操作练习，并仔细记录测试过程中的数据；

（5）实验结束后，整理好仪器设备方可离开，并及时完成实验报告。

8.4 温度测量实验

【实验目的】

掌握Cu50热电阻和Pt100热电阻的特性与应用，学会搭建温度测量系统。

【实验仪器与设备】

K型热电偶、Cu50热电阻、P_t100热电阻、YL系列温度测量控制仪、温度源、±15 V直流电源、温度传感器实验模块、数显单元（主控台电压表）、万用表。

【实验原理】

（1）在一些测量精度要求不高且温度较低的场合，一般采用铜热电阻来测量-50～+150 ℃的温度。在上述温度范围内，铜热电阻的阻值与温度呈线性关系为

$$R_t = R_0\ (1+at)$$

式中：电阻温度系数 a =4.25～4.28×10^{-3}℃$^{-1}$。

（2）在0～630.74 ℃以内，铂热电阻的阻值 R_t 与温度 t 的关系为：$R_t = R_0\ (1+At+Bt^2)$，其中 R_0 是温度为0 ℃时的铂热电阻的电阻值。

本实验 R_0=100 Ω，A=3.908 02×10^{-3}℃$^{-1}$，B=-5.080 195×10^{-7}℃$^{-2}$。

铂热电阻是三线连接，其中一端接两根引线主要是为了消除引线电阻对测量的影响。接线图如图8.4.1所示。

【实验步骤】

1. Cu50热电阻特性实验

1）差动电路调零

对温度传感器实验模块的运放测量电路和后续的反相放大电路调零。具体方法是把 R_5 和 R_6 的两个输入点短接并接地，然后调节 R_{w2} 使 V_{o1} 的输出电压为0，再调节 R_{w3}，使 V_{o2} 的输出电压为0，此后 R_{w2} 和 R_{w3} 不再调节。

2）温度测量控制仪的使用

将温度测量控制仪上的 220 V 电源线插入主控箱两侧配备的 220 V 控制电源插座上。

注意：首先根据仪表型号，仔细阅读“温控仪表操作说明”，学会基本参数设定（出厂时已设定完毕）。

3）热电偶的安装

选择控制方式为内控方式，将 K 型热电偶温度感应探头插入温度源上方两个传感器放置孔中的任意一个。将 K 型热电偶自由端引线插入 YL 系列温度测量控制仪正前方面板的传感器插孔中，红线为正极。然后将温度源的电源插头插入温度测量控制仪面板上的加热输出插孔。

4）热电阻的安装及室温调零

将 Cu50 热电阻传感器探头插入温度源的另一个插孔中，尾部红色线为正端，插入实验模块的 a 端，其他两端相连插入 b 端。a 端接电源+2 V，b 端与差动运算放大器的一端相接，桥路的 R_{w1} 另一端和差动运算放大器的另一端相接（$R_2=50\ \Omega$）。模块的输出 V_{o2} 与主控台数显表 V_i 相连，连接好电源及地线，合上主控台电源，调节 R_{w1}，使数显表显示为 0（此时温度测量控制仪电源关闭）。

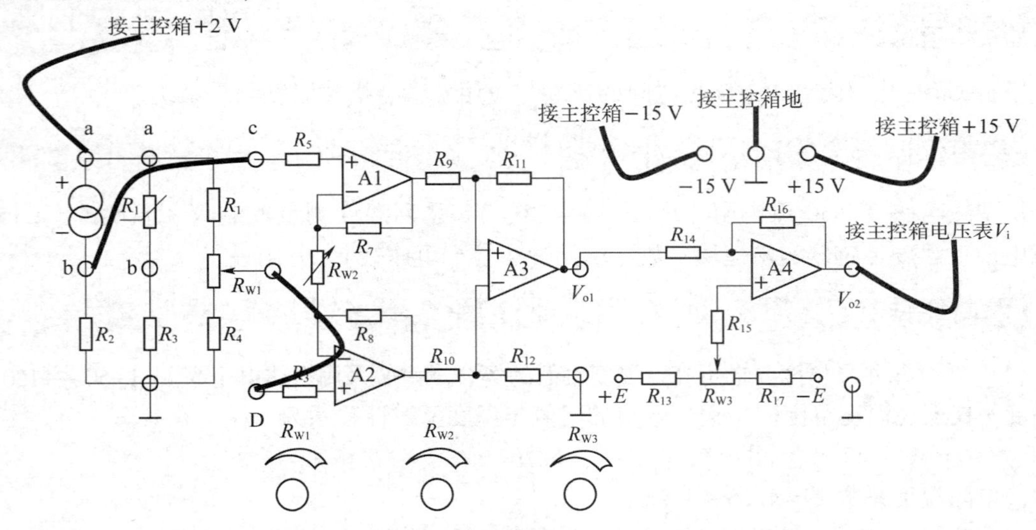

图 8. 4. 1　温度测量实验接线图

5）测量记录

合上内控选择开关（“加热方式”和“冷却方式”均拨到内控方式），设定温度控制值为 40 ℃，当温度控制在 40 ℃时开始记录电压表读数。重新设定温度值为 40 ℃$+n\Delta t$，建议 $\Delta t=5$ ℃，$n=1$，…，7，到 75 ℃之前每隔 n 读出数显表输出电压与温度值。待温度稳定后记下数显表上的读数（若在某个温度设定值点的电压值有上下波动现象，则是由于控制温度在设定值的±1 ℃范围波动的结果，这样可以记录波动时，传感器信号变换模块对应输出电压的最小值和最大值，取其中间数值），填入表 8. 4. 1。

表 8. 4. 1　Cu50 热电阻温度与电压数据记录表

T/℃								
V/mV								

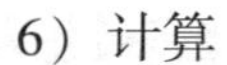

6）计算

根据数据结果，计算 $\Delta t = 5$ ℃时，Cu50 热电阻传感器对应变换电路输出的 ΔV 数值是否接近。

2. Pt100 热电阻特性实验

参照 Cu50 热电阻特性实验的 1）、2）、3）、4）步操作。

将 Pt100 热电阻的 3 根引线引入 R_t 输入的 a、b 上：用万用表欧姆挡测出 Pt100 3 根引线中短接的 2 根线（蓝色和黑色）接 b 端，红色接 a 端。这样 R_t（Pt100）与 R_3、R_1、R_{11}、R_4 组成直流电桥，这是一种单臂电桥工作形式。R_{w1} 中心活动点与 R_6 相接，连线同图 8. 5. 1。参照热电阻特性实验的步骤 5），将热电阻温度与电压数据填入表 8. 4. 2。

表 8. 4. 2　Pt100 热电阻温度–电压数据记录表

T/℃								
V/mV								

根据数据结果，计算 $\Delta t = 5$ ℃时，Pt100 热电阻传感器对应变换电路输出的 ΔV 数值是否接近。

【注意事项】

（1）连接电路时，必须断开控制台的电源，连接完成需经指导教师检查同意方可接通电源；

（2）插拔导线及调节仪器旋钮时，力量要适度，严禁损坏设备和违规操作；

（3）实验结束后，应先关闭仪器电源开关，再拔下电源插头，避免仪器受损。

（4）2 ~ 3 人一组进行操作练习，并仔细记录测试过程中的数据；

（5）实验结束后，整理好仪器设备方可离开，并及时完成实验报告。

8. 5　热电偶测温性能实验

【实验目的】

了解热电偶测量温度的性能与应用范围。

【实验仪器与设备】

K 型热电偶、E 型热电偶、温度测量控制仪、温度源、数显单元（主控台电压表）、±15 V 直流稳压电源。

【实验原理】

当 2 种不同的金属组成回路，如 2 个接点有温度差，就会产生热电势，这就是热电效应。温度高的接点称工作端，将其置于被测温度场，以相应电路就可间接测得被测温度值；温度低的接点就称冷端（也称自由端），冷端可以是室温值或经补偿后的 0 ℃和 25 ℃。

【实验步骤】

(1) 在温度测量控制仪上选择控制方式为内控方式，将 K 型、E 型热电偶插到温度源的插孔中，K 型热电偶的自由端接到温度测量控制仪上标有传感器字样的插孔中，然后将温度源的电源插头插入温度测量控制仪面板上的加热输出插孔。

(2) 从主控箱上将±15 V 电压接到温度模块上，并将温度模块的放大器 R_5、R_6 两端短接同时接地，打开主控箱电源开关及温度测量控制仪的开关，将模块上的 Vo_2 与主控箱数显表单元上的 V_i 相接。将 R_{w2} 旋至中间位置，调节 R_{w3} 使数显表显示为 0。设定温度测量控制仪上的温度 $T=40$ ℃。

(3) 去掉 R_5、R_6 接地线及连线，将 E 型热电偶的自由端与温度模块的放大器 R_5、R_6 相接，同时 E 型热电偶的蓝色接线端子接地。观察温度测量控制仪的温度值，当温度控制在 40 ℃时，调节 R_{w2}，对照分度表将 Vo_2 输出调至和分度表 10 倍数值相当（分度表见表 8.5.1）。

(4) 调节温度测量控制仪的温度值 $T=50$ ℃，等温度稳定后对照分度表观察数显表的电压值，若电压值超过分度表的 10 倍数值时，调节放大倍数 R_{w2}，使 V_{o2} 输出与分度表 10 倍数值相当。

(5) 重新将温度设定值设为 $T=40$ ℃，等温度稳定后对照分度表观察数显表的电压值，此时 V_{o2} 输出值是否与 10 倍分度表值相当，再次调节放大倍数 R_{w2}，使其与分度表 10 倍数值接近。

(6) 重复步骤 (4)、(5) 以确定放大倍数为 10 倍关系。记录当 $T=50$ ℃时数显表的电压值。重新设定温度值为 40 ℃$+n\Delta t$，建议 $\Delta t=5$ ℃，$n=1$，…，7，每隔 n 读出数显表输出电压值与温度值，并记入表 8.5.2 中。

表 8.5.1 E 型热电偶分度表　　参考端温度：0 ℃

工作端温度/℃	0	1	2	3	4	5	6	7	8	9
	热电动势/mV									
-10	-0.64	-0.70	-0.77	-0.83	-0.89	-0.96	-1.02	-1.08	-1.14	-1.21
-0	-0.00	-0.06	-0.13	-0.19	-0.26	-0.32	-0.38	-0.45	-0.51	-0.58
0	0.00	0.07	0.13	0.20	0.26	0.33	0.39	0.46	0.52	0.59
10	0.65	0.72	0.78	0.85	0.91	0.98	1.05	1.11	1.18	1.24
20	1.31	1.38	1.44	1.51	1.58	1.64	1.70	1.77	1.84	1.91
30	1.98	2.05	2.12	2.18	2.25	2.32	2.38	2.45	2.52	2.59
40	2.66	2.73	2.80	2.87	2.94	3.00	3.07	3.14	3.21	3.28
50	3.35	3.42	3.49	3.56	3.62	3.70	3.77	3.84	3.91	3.98
60	4.05	4.12	4.19	4.26	4.33	4.41	4.48	4.55	4.62	4.69
70	4.76	4.83	4.90	4.98	5.05	5.12	5.20	5.27	5.34	5.41
80	5.48	5.56	5.63	5.70	5.78	5.85	5.92	5.99	6.07	6.14
90	6.21	6.29	6.36	6.43	6.51	6.58	6.65	6.73	6.80	6.87
100	6.96	7.03	7.10	7.17	7.25	7.32	7.40	7.47	7.54	7.62

表 8.5.2 E 型热电偶电势（经放大）与温度数据

T/℃								
V/mV								

注：考虑到热电偶的精度及处理电路的本身误差，分度表的对应值可能有一定的偏差。

【思考与分析】

（1）用同样的实验方法，得出 K 型热电偶电势（经放大）与温度数据

（2）通过温度传感器的 3 个实验，你对各类温度传感器的使用范围有何认识？

（3）能否用 Pt100 设计一个直接显示摄氏温度-50～50 ℃的数字式温度计？利用本实验台进行实验。

8.6 压阻式压力传感器的压力测量实验

【实验目的】

了解扩散硅压阻式压力传感器测量压力的原理和方法。

【实验原理】

扩散硅压阻式压力传感器在单晶硅的基片上扩散出 P 型或 N 型电阻条，接成电桥。在压力作用下根据半导体的压阻效应，基片产生应力，电阻条的电阻率产生很大变化，引起电阻的变化。将这一变化引入测量电路，其输出电压的变化反映了所受到的压力变化。

【实验仪器与设备】

三通套件、指针式压力表、压力传感器实验模块、数显单元、直流稳压源±4 V 及±15 V。

【实验步骤】

（1）按照图 8.6.1 接好传感器供压回路。传感器具有 2 个气咀、1 个高压咀和 1 个低压咀，当高压咀接入正压力时（相对于低压咀）输出为正，反之为负。另一端软导管与压力传感器（已固定在压力传感器模块上）接通。压力传感器有 4 个端子：3 端子接+4 V 电源，1 端子接地线，2 端子为 $Uo+$，4 端子为 $Uo-$。

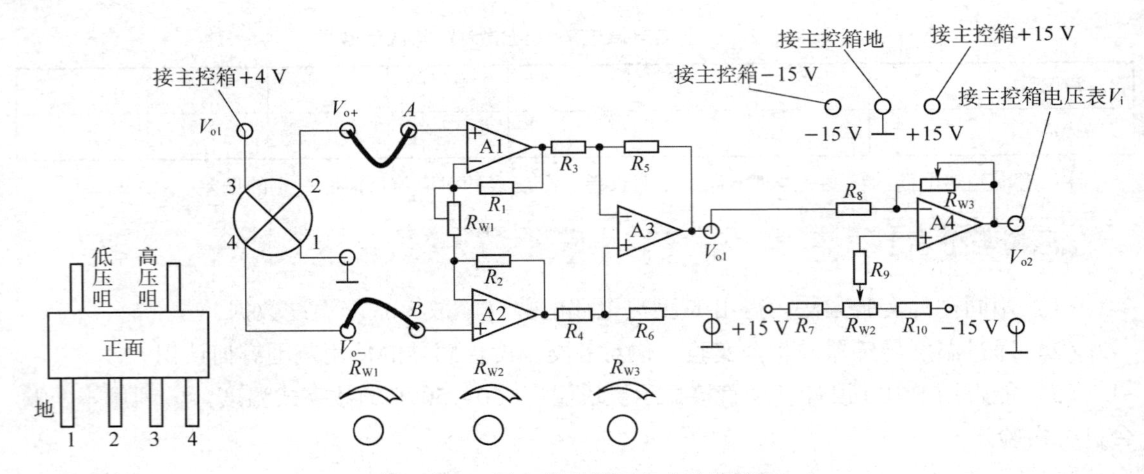

图 8.6.1　压力传感器压力实验接线图

（2）将加压皮囊上单向调节阀的锁紧螺丝拧松，加压气体回路如图 8.6.2 所示。

（3）实验模块上 R_{w2} 用于调节零位，R_{w1} 可调节放大倍数，模块的放大器输出 V_{o2} 引到主控箱数显表的 V_i 插座。将显示选择开关拨到 20 V 挡，反复调节 R_{w2}（此时 R_{w1} 顺时针旋转 1～2 圈，R_{w3} 处于电位器中间位置）使数显表显示为 0。

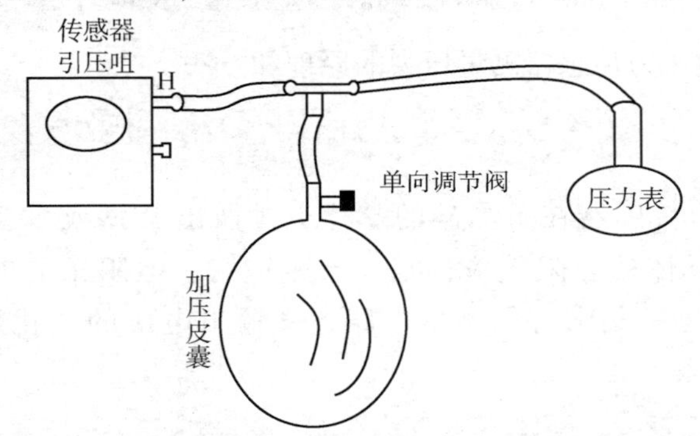

图 8.6.2　压力传感器接线端子图

（4）拧紧加压皮囊上单向调节阀的锁紧螺丝，轻按加压皮囊，注意不要用力太大，当压力表达到 4 kPa 左右时，记下电压表读数，然后每隔 4 kPa 压力，记下压力与电压读数，并将数据填入表 8.6.1。

表 8.6.1　压力与电压数据表

压力/kPa	4	8	12	16	20	24	28	32
电压/mV								

根据所得的结果计算系统灵敏度 $S=\Delta V/\Delta P$ 关系曲线，找出线性区域。当作为压力计使用时，请进行标定。

标定方法：拧松加压皮囊上的锁紧螺丝，调差动放大器的调零旋钮使电压表的读数为 0，拧紧锁紧螺丝，手压加压皮囊使压力达到所需的最大值 40 kPa，调差动放大器的增益使电压表的指示与压力值的读数一致。这样重复操作，零位、增益调试多次直到满意为止。

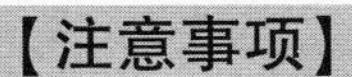

【注意事项】

(1) 如在实验中压力不稳定，应检查加压气体回路是否有漏气现象、加压气囊上单向调节阀的锁紧螺丝是否拧紧。

(2) 如读数误差较大，应检查气管是否有折压现象，从而造成传感器的供气压力不均匀。

(3) 如果差动放大器增益不理想，可调整其增益旋钮，不过此时应重新调整零位。调好以后在整个实验过程中不得再改变其位置。

【思考与分析】

差压传感器是否可用于真空度以及负压测试?

8.7　霍尔传感器交流激励特性及转速测量实验

【实验目的】

(1) 了解交流激励时霍尔片的特性。

(2) 掌握霍尔传感器在位移和速度测量中的应用方法。

【实验仪器与设备】

1. 交流激励时的位移特性实验

霍尔传感器实验模块、霍尔传感器、直流源±4 V及±15 V、测微头、数显单元、移相/相敏检波/低通滤波模块、双线示波器。

2. 转速测量实验

霍尔转速传感器、转速调节2 ~ 24 V、转动源单元、数显单元的转速显示部分。

【实验原理】

利用霍尔效应表达式 $U_H = K_H IB$，当被测圆盘上装上 N 只磁性体时，圆盘每转1周，磁场就变化 N 次，霍尔电势相应变化 N 次，输出电势通过放大、整形和计数电路就可以测量被测旋转物的转速。

【实验步骤】

1. 交流激励时的位移特性实验

(1) 将霍尔传感器按图8.7.1安装，霍尔传感器与实验模块的连接如图8.7.2所示。

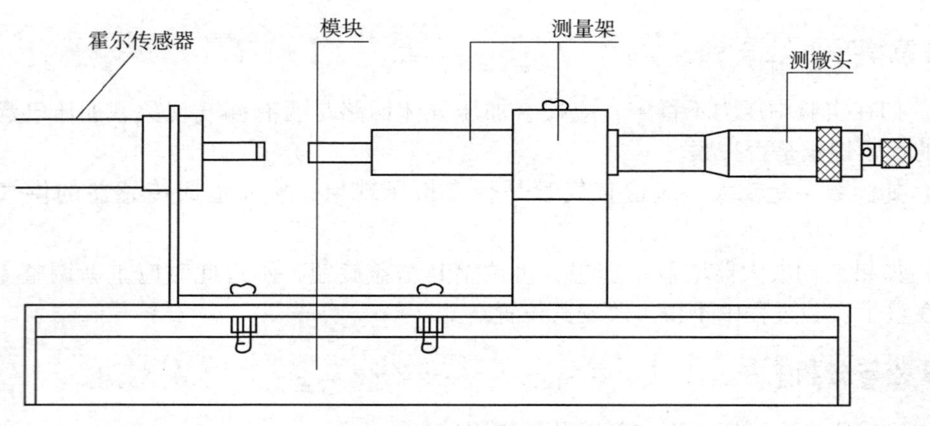

图 8.7.1　霍尔传感器安装示意图

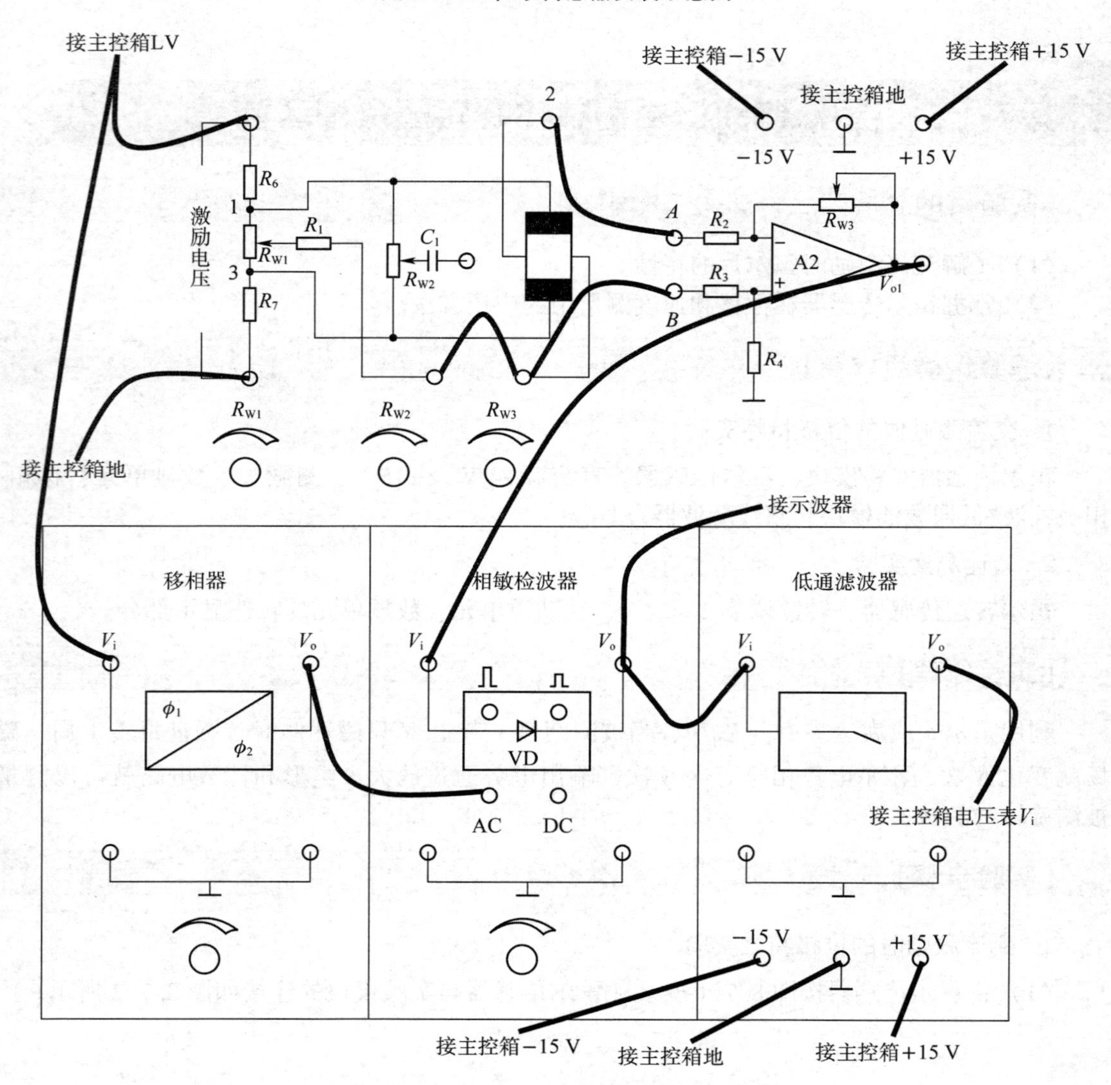

图 8.7.2　霍尔传感器位移交流激励接线图

（2）调节音频振荡器频率和幅度旋钮，从音频输出端 L_V 用示波器测量，使输出为1 kHz、峰-峰值为4 V，引入电路中（注意频率过大会烧坏霍尔元件）。

（3）调节测微头使霍尔传感器产生一个较大的位移（此时 R_{w3} 顺时针旋转至最大位置），利用示波器观察相敏检波器输出（此时示波器挡位时间轴为0.2 ms，电压轴为0.2 V），旋转移相单元电位器 R_w 和相敏检波电位器 R_w，使示波器显示全波整流波形。此时固定移相单元电位器 R_w 和相敏检波电位器 R_w，保持电位器位置不变。

（4）调节测微头使霍尔传感器处于传感器中间位移部分，先用示波器观察使霍尔元件不等位电势为最小（即相敏检波输出接近一条直线）。

（5）从电压数显表上观察，调节电位器 R_{w1}、R_{w2} 使显示为0，然后旋动测微头，记下每转动0.2 mm时表头读数，填入表8.7.1。

表8.7.1　交流激励时输出电压和位移数据

X/mm								
V/mV								

（6）根据表8.7.1作出 V-X 曲线，计算不同量程时的非线性误差。

2. 转速测量实验

（1）根据图8.7.3，将霍尔转速传感器安装于传感器支架上，探头对准反射面的磁钢。

（2）将直流源加于霍尔元件电源输入端，红色线（+）接+5 V，黑色线（⊥）接地。

（3）将霍尔转速传感器输出端（蓝色线）插入数显单元 F_i 端。

（4）将转速调节中的2～24 V转速电源引到转动源的2～24 V插孔。

（5）将数显单元上的转速/频率表波段开关拨到转速挡，此时数显表指示转速。

（6）调节电压使转动速度变化，观察数显表转速显示的变化。

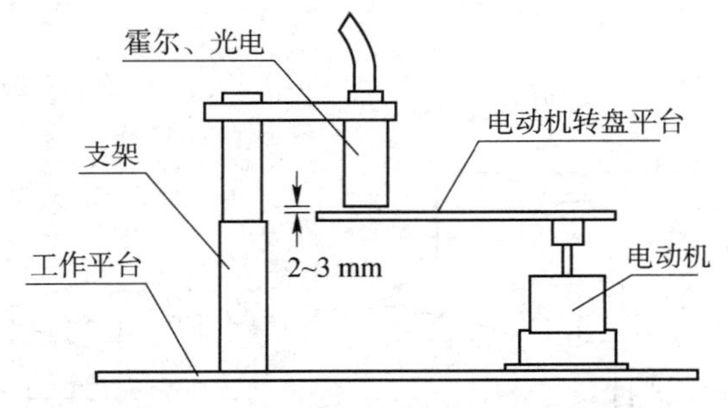

图8.7.3　霍尔、光电、磁电转速传感器安装示意图

【思考与分析】

（1）本实验中霍尔元件位移的线性度实际上反映的是什么量的变化？

（2）利用霍尔元件测转速，在测量上是否有限制？

（3）本实验装置上用了12只磁钢，能否用1只磁钢，二者有什么区别？

8.8 压电式传感器测量振动实验

【实验目的】

了解压电传感器测量振动的原理和方法。

【实验原理】

压电式传感器由惯性质量块和受压的压电陶瓷片等组成。工作时传感器感受与试件相同频率的振动，质量块便有正比于加速度的交变力作用在压电陶瓷片上，由于压电效应，压电陶瓷片上产生正比于运动加速度的表面电荷。

【实验仪器与设备】

转动模块、振动源模块、压电传感器、移相/相敏检波/低通滤波器模块、压电式传感器实验模块、双线示波器。

【实验步骤】

（1）首先将压电传感器装在振动源模块上，压电传感器底部装有磁钢，可和振动盘中心的磁钢相吸。

（2）将低频振荡器信号接入到振动源的低频输入源插孔。

（3）将压电传感器输出两端插入到压电传感器实验模块两输入端，按图 8.8.1 连接好实验电路，压电传感器黑色端子接地。将压电传感器实验模块电路输出端 V_{o1}（如增益不够大，则 V_{o1} 接入 IC2，V_{o2} 接入低通滤波器）接入低通滤波器输入端 V_i，低通滤波器输出 V_o 与示波器相连。

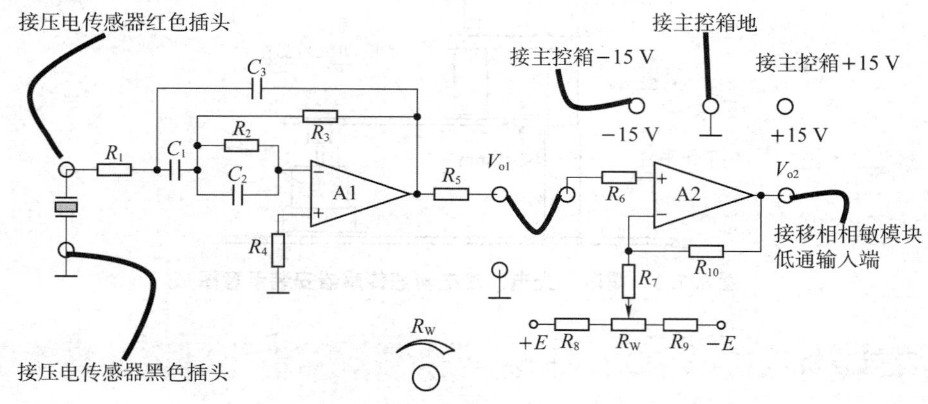

图 8.8.1　压电式传感器性能实验接线图

（4）合上主控箱电源开关，调节低频振荡器的频率与幅度旋钮使振动台振动，观察示波器波形。

（5）改变低频振荡器频率，观察输出波形变化。

（6）用示波器的两个通道同时观察低通滤波器输入端和输出端波形。

参考文献

[1] 刘莹. 机械基础实验教程 [M]. 北京：北京理工大学出版社，2007.

[2] 朱文坚，何军，李孟仁. 机械基础实验教程 [M]. 北京：科学出版社，2007.

[3] 邢邦圣，王柏华. 机械基础实验指导书 [M]. 南京：东南大学出版社，2009.

[4] 刘杰. 机械基础实验 [M]. 西安：西北工业大学出版社，2010.

[5] 张伟华，陈良玉，孙志礼，等. 机械基础实验教程 [M]. 北京：高等教育出版社，2014.

[6] 杨练根. 互换性与技术测量学习与实验指导 [M]. 武汉：华中科技大学出版社，2014.

[7] 李小周. 机械原理与机械设计实验教程 [M]. 武汉：华中科技大学出版社，2012.

[8] 刘莹，邵天敏. 机械基础实验技术 [M]. 北京：清华大学出版社，2006.